01

FRI	SAT	SUN	MON	TUE	WED	THU	FRI	SAT	SUN	MON	TUE	WED	THU	FRI
1 신정	2	3	4	5	6	7	8	9	10	11	12	13	14	15

SAT	SUN	MON	TUE	WED	THU	FRI	SAT	SUN	MON	TUE	WED	THU	FRI	SAT	SUN
16	17	18	19	20 대한	21	22	23	24	25	26	27	28	29	30	31

AIR LINE

02

MON	TUE	WED	THU	FRI	SAT	SUN	MON	TUE	WED
1	2	3	4	5	6	7	8	9	10

THU	FRI	SAT	SUN	MON	TUE	WED	THU	FRI	SAT
11	12	13	14 설날	15	16	17	18	19	20

SUN	MON	TUE	WED	THU	FRI	SAT	SUN
21	22	23	24	25	26	27	28

03

| MON | TUE | WED | THU | FRI | SAT | SUN | MON | TUE | WED | THU | FRI | SAT | SUN | MON |
| 1 3·1절 | 2 | 3 | 4 | 5 | 6 | 7 | 8 | 9 | 10 | 11 | 12 | 13 | 14 | 15 |

| TUE | WED | THU | FRI | SAT | SUN | MON | TUE | WED | THU | FRI | SAT | SUN | MON | TUE | WED |
| 16 | 17 | 18 | 19 | 20 | 21 | 22 | 23 | 24 | 25 | 26 | 27 | 28 | 29 | 30 | 31 |

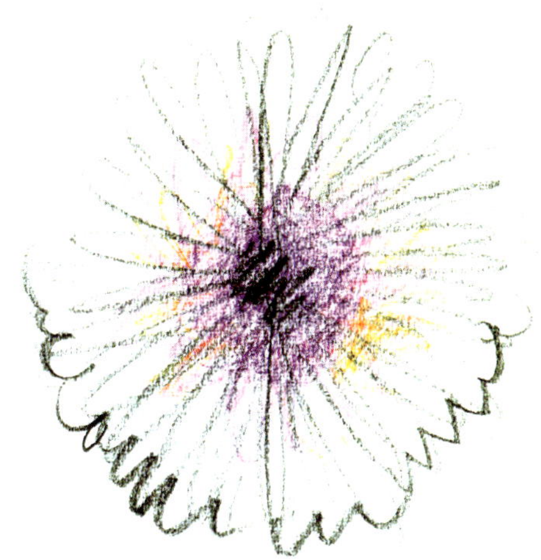

Hyunjoo handmade...

THU	FRI	SAT	SUN	MON	TUE	WED	THU	FRI	SAT	SUN	MON	TUE	WED	THU
04 1	2	3	4	5	6	7	8	9	10	11	12	13	14	15

FRI	SAT	SUN	MON	TUE	WED	THU	FRI	SAT	SUN	MON	TUE	WED	THU	FRI
16	17	18	19	20	21	22	23	24	25	26	27	28	29	30

Hyun joo
handmade...

05

SAT	SUN	MON	THU	WED	THU	FRI	SAT	SUN	MON
1	2	3	4	5 어린이날	6	7	8	9	10

TUE	WED	THU	FRI	SAT	SUN	MON	TUE	WED	THU
11	12	13	14	15	16	17	18	19	20

FRI	SAT	SUN	MON	THU	WED	THU	FRI	SAT	SUN
21 석가탄신일	22	23	24	25	26	27	28	29	30

SAT
31

06

TUE	WED	THU	FRI	SAT	SUN	MON	TUE	WED	THU
1	2	3	4	5	6 현충일	7	8	9	10

FRI	SAT	SUN	MON	TUE	WED	THU	FRI	SAT	SUN
11	12	13	14	15	16	17	18	19	20

MON	TUE	WED	THU	FRI	SAT	SUN	MON	TUE	WED
21	22	23	24	25	26	27	28	29	30

	THU	FRI	SAT	SUN	MON	TUE	WED	THU	FRI	SAT	SUN	MON	TUE	WED	THU
07	1	2	3	4	5	6	7	8	9	10	11	12	13	14	15
	FRI	SAT	SUN	MON	TUE	WED	THU	FRI	SAT	SUN	MON	TUE	WED	THU	FRI	SAT
	16	17	18	19	20	21	22	23	24	25	26	27	28	29	30	31

	SUN	MON	TUE	WED	THU	FRI	SAT	SUN	MON	TUE	WED	THU	FRI	SAT	SUN
08	1	2	3	4	5	6	7	8	9	10	11	12	13	14	15 광복절
	MON	TUE	WED	THU	FRI	SAT	SUN	MON	TUE	WED	THU	FRI	SAT	SUN	MON
	16	17	18	19	20	21	22	23	24	25	26	27	28	29	30	31

09

WED	THU	FRI	SAT	SUN	MON	TUE	WED	THU	FRI	SAT	SUN
1	2	3	4	5	6	7	8	9	10	11	12

MON	TUE	WED	THU	FRI	SAT	SUN	MON	TUE	WED	THU	FRI
13	14	15	16	17	18	19	20	21	22 추석	23	24

SAT	SUN	MON	TUE	WED	THU
25	26	27	28	29	30

10

FRI	SAT	SUN	MON	TUE	WED	THU	FRI	SAT	SUN	MON
1	2	3 개천절	4	5	6	7	8	9	10	11

TUE	WED	THU	FRI	SAT	SUN	MON	TUE	WED	THU	FRI
12	13	14	15	16	17	18	19	20	21	22

SAT	SUN	MON	TUE	WED	THU	FRI	SAT	SUN
23	24	25	26	27	28	29	30	31

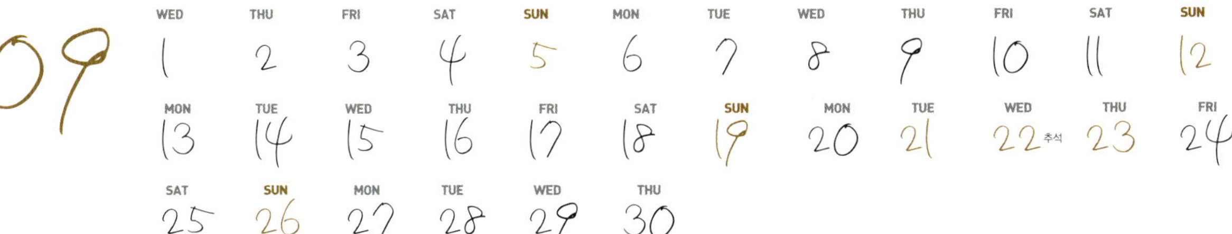

11

MON	TUE	WED	THU	FRI	SAT	SUN	MON	TUE	WED	THU
1	2	3	4	5	6	7	8	9	10	11

FRI	SAT	SUN	MON	TUE	WED	THU	FRI	SAT	SUN	MON
12	13	14	15	16	17	18	19	20	21	22

TUE	WED	THU	FRI	SAT	SUN	MON	TUE
23	24	25	26	27	28	29	30

12

WED	THU	FRI	SAT	SUN	MON	TUE	WED	THU	FRI	SAT
1	2	3	4	5	6	7	8	9	10	11

SUN	MON	TUE	WED	THU	FRI	SAT	SUN	MON	TUE	WED
12	13	14	15	16	17	18	19	20	21	22

THU	FRI	SAT	SUN	MON	TUE	WED	THU	FRI
23	24	25 성탄절	26	27	28	29	30	31

Good bye 2010!
and Happy
New Year

현주의 손으로 짓는 이야기

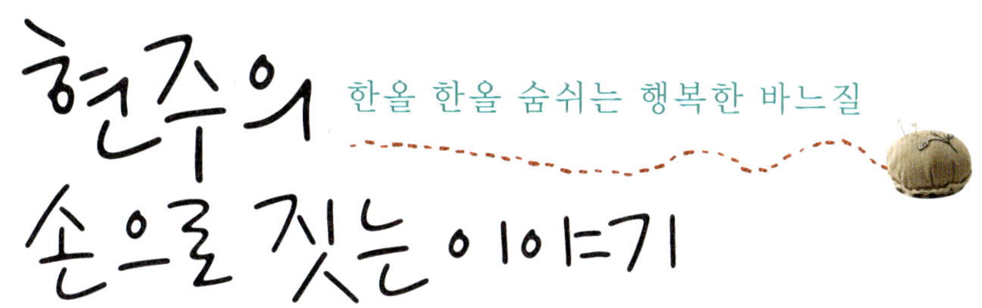

한올 한올 숨쉬는 행복한 바느질

글·그림 김현주

살림Life

쯧쯧쯧.

늦은 밤, 신나게 달리던 나의 재봉틀을 멈추게 하는 건

엄마의 혀 차는 소리.

'아이 참. 이 부분이 중요한데……

둥글게 바이어스 다는 게 제일 안 되는 부분인데.'

아쉬움을 뒤로 하고 작업을 멈추게 하는 건

나를 보는 엄마의 한심해하시는 표정.

재봉틀 넘어 보이는 엄마의 표정은

그래, 내가 한심한가 보다.

젊은 아이가, 결혼 적령기에 있는 딸이

밤을 새워 가며 웅크리고 앉아 바느질하는 모습을 보시는 건

그래, 신나는 일은 아닐 터.

"차라리 나가서 놀아. 그게 낫겠어.

피곤하지도 않니? 손도 망가지고.

여자는 손이 예뻐야 하는 건데. 화면에 못난 손 나오고 싶어?

에효, 쯧쯧쯧."

나는 대꾸 한마디 못한다.

잔소리 한 아름 풀고 돌아서는 엄마의 뒷모습에서

한심한 게 아니라 안쓰러워하시는 게 느껴지기 때문이다.

말을 하지 않아도 아시는 눈치다.

'무슨 일이 있는 모양이네.'

엄마들은 귀신이다.

그래, 나는 그렇다.

"스트레스 해소법이 어떻게 되세요?"

"네, 저는 바느질을 해요. 재봉틀을 돌리죠."

스트레스를 받거나 생각이 생각을 낳아 도무지 멈춰지지가 않을 때

신나게 자동차의 액셀러레이터를 밟듯, 부릉부릉 맘껏 달린다.

길이 아닌 길을 가도 상관없고 정해 놓은 목적지도 없다.

그렇게 한참을 달리다 보면 어느새 내 앞에는

원하는 사이즈가 없어 구입을 미뤄 왔던 파우치 하나가,

미영 언니에게 어울리는 앙증맞은 가방 하나가,

혜연이의 안 좋은 허리를 받쳐 줄 쿠션 하나가,

울 귀여운 조카가 집에서 뛰어놀 때 입을 편안한 바지 하나가 태어난다.

그걸 받고 좋아할 그들의 표정이 떠올라

입가에 절로 행복의 미소가 지어지는 나.

설사 그들이 생각보다 맘에 들어 하지 않는다 해도 상관없다.

이미 조금 전 무슨 고민을 하고 있었는지 잊었고

이미 행복해져 있으니까 그걸로 다 된 거다.

고민으로 시작해 행복으로 태어난 아이들.

단순한 스트레스 해소법이 취미로, 그리고 생활의 한 부분으로

조금은 느긋하게 여유를 부려 보다, 나는 그렇게 행복으로 가는 길을 발견했다.

CONTENTS

사랑하기 Knitting Series

가리기 Cover Series

전하기 trifling article Series

담기

Bag Series

나는 어떤 사람일까

문득 나 자신에 대해 알게 되는 순간은
화면 속의 모습도, 그럴 듯한 인터뷰 기사도 아닌,
툭 던진 누군가의 한마디일 때가 있다.

꽃을 만들 때도, 그림을 그릴 때도
전문가 선생님들은 입을 모아 말하곤 하셨다.
"참, 시원시원 하네요!"
"참, 대범한 터치네요!"

나는 좀 큼지막한 것이 좋다. 아마, 그런가 보다.

조금 헐렁하게 떨어지는 옷의 실루엣,
남자들이 들 것 같은 커다란 가방,
그리고 누군가를 이해하고 받아들이는 넓은 마음.

그래서일까! 내가 만든 작품들은 어쩐지…… 크다.
내가 통이 큰가?
나, 의외로 소심한데.

역시나 커다란 작품을 하나 만들고 나니 선생님 하시는 말씀.
"어머, 현주 씨! 뭘 담으려고 그렇게 크게 만들었어?"

나는 무엇을 담고 싶었을까? 나는 그동안 무엇을 담아 왔을까?
그리고
앞으로 나는… 무엇을 담아 가야 할까?
지금은 알 수 없다. 알아 가야 한다.
하지만 한 가지는 안다.

무엇을 담기 이전에

하나쯤은 내려놓아야 한다는 걸.

덜어야 한다는 걸.

담으려는 것이 큰 것이면 큰 것일수록
더 많은 자리를 비워야 한다는 걸.
놓치고 싶지 않으면 않을수록
포기하는 것들에 대한 아쉬움도 함께 버려야 한다는 걸.
그래서 채우는 것보다 비우는 것이 더 어렵다는 걸.

갈색 큰 여행 가방
나에게 도전장을 내밀었던 거지.
이렇게 크고 어려운 디자인을
어찌 하려고 했을까?
며칠이 걸렸는지,
휴~, 지금도 숨이 차다.
하지만 보람 역시 가장 컸던 가방!
한번 보면 누구나 탐낸다는!
이 가방 하나면 내가 담고 싶은
모든 걸 담을 수 있다.

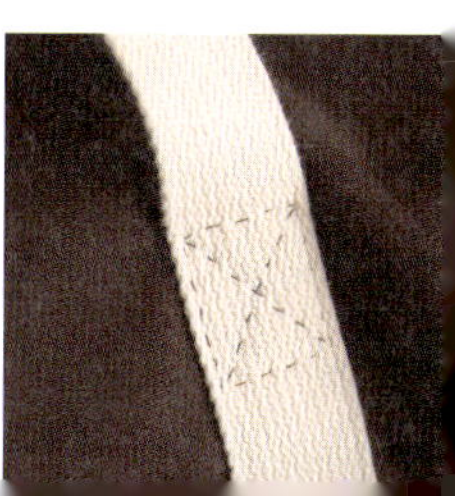

명품의 가치 1

여배우라는 직업을 갖고 있다 보면
나를 향한 사람들의 시선이 나와는 상관없이 흘러가곤 한다.

비싼 옷을 입었겠지.
비싼 가방을 들었겠지.
비싼 구두를 신었겠지.

하지만 친구들과 커피를 마시던 어느 날
입고 있는 옷을 생각해 보니 모두 합쳐 오만 원이 되지 않았다.
이거, 여배우로서 너무한 거 아니야?

영국에서,
최고급품만을 모아 뒀다는 럭셔리한 백화점을 구경할 때도
손에 들고 있던 건 내가 직접 만든 가방.

물론 나에게도 고급 브랜드의 명품이 있다.
하지만 눈이 돌아갈 만큼 고가의 명품들이라고 해서
꼭 나에게 어울리는 것은 아니다.

내가 좋아하는 소재,
내가 좋아하는 디자인,
내가 좋아하는 색깔.
그렇게 해서 탄생한 나의 가방은

고민할 것도 없이 나에게 잘 어울린다.

나를 위해 내가 만든,

내가 좋아하는 것들이 고스란히 묻어 있는

세상에 하나뿐인 가방

재료비를 다 합쳐 봐야 얼마 되지 않겠지만
내 눈엔 너무나 예쁘고 사랑스럽고 나다운
그런 가방을 들고 있는 나.
그거야말로 좀…… 여배우스럽지 않아?

뉴스페이퍼 가방 How to make 40쪽
원단이 너무 예뻐 뭘 만들지 계획도 없이 샀다.
그리고 집에 오자마자 1시간 만에 뚝딱!
빨리 만들고 싶은 마음에 가장 간단한 방법으로
쉽게 더러워질 걸 염려해 양면으로 만들었다.
그러니까 이 녀석은 겉과 속이 같다.
그런 사람이 되고 싶은 바람을 담아.

체크 슬리퍼 How to make 41쪽

발바닥 쪽을 좀 어두운 원단으로 했어야 하는데…… 그래야 때가 덜 타는데……
아니 덜 티 나는데. 이 녀석 때문에 조금은 부지런할 수밖에 없겠군.
내 맘에 꼭 드는 슬리퍼 찾기가 쉽지 않은데
가족들 슬리퍼를 만들어 이니셜을 새겨 주면 예쁠 거 같다.
또는 나만의 브랜드를 만들어 붙여 준다면 그야말로 명품이 되는 거다.

명품의 가치 2

친구가 작업실에 놀러왔을 때
하이힐을 불편해하는 그녀에게 슬리퍼를 내 주었다.

"별로 예쁘진 않지만, 신을래?"
"오~, 그래도 명품인데?"
"어……, 나 거기다 다른 천 씌울 거야."

친구가 웃었다.

누가 봐도 어느 브랜드의 슬리퍼인지 알 수 있는
그래서 촌스러운 십 년쯤 된 명품 슬리퍼.
아마도 어린 시절 누군가에게 뽐낼 양으로 산 것일 게다.
나는 한동안 명품에 꽂힌 적이 있었는데
어리석게도 그것들이 나를 채워 줄 거라고
대신해 줄 거라고 여겼던 모양이다.
지금 갖고 있는 대부분의 명품은 그 즈음 구입한 것이고
그중에 하나가 이 슬리퍼.

명품으로 태어나 더 이상
명품으로 살 수 없게 된 너에겐 미안하지만
대신 훨씬 예쁜 슬리퍼로 만들어 줄게!

욕심은 겁쟁이를 만든다

나는 심플한 것이 좋다.
뭔가 군더더기가 붙어 있는 것이 싫다.

긴 설명, 구차한 얘기,
불필요한 디자인, 알록달록 정신없는 컬러.

그런 게 싫었기 때문일까.
나는 나를 비우려고 했나 보다.

가지치기?
잘라내기?

이것이 정말 필요한 것일까…
…라는 몇 번의 걸러내기.
제대로 잘 하지 않을 바엔 아예 시작을 말자…
…라는 수많은 망설임.

나는 늘 좋은 선택을 하고
최선의 노력을 한 뒤 최고의 결과를 내고 싶다.
그런 나의 욕심이 나를 점점 겁쟁이로 만들어 갔다.

'나는 지금 제대로 된 선택을 한 걸까?'
그리 착한 아이도 아니면서
이상하게 점점 주변 사람들의 의견을 묻게 된다.
그리고는 나중에
'아, 그때 그냥 내 생각대로 할 걸.'

왜 자꾸 내 자신을 의심하게 될까?
바람기 많은 남자친구도 아닌데 왜 자꾸 의심하지?
왜 나를 못 믿는 걸까.

지금까지 나를 결정해 온 것은 바로 나.

이젠, 더 이상 놓치지 말자.

지금은 망설이고 주저하고

나중에 후회하는 나 자신에게

안녕을 말할 때.

이젠, 붙잡고, 담고, 채우자.

리넨 동전지갑 How to make 42쪽
언제부턴가 동전을 잘 쓰지 않는다.
무조건 지폐를 내고 거스름돈을 받기 때문에
지갑은 어느새 닫히지 않을 만큼 동전이 꽉 차 버린다.
보기 흉하게 뚱뚱해지고 만다.
그런 나에게 지갑에 달려 있는 동전 주머니는 터무니없이 부족.
동전지갑을 넉넉하게 따로 만들고
적은 금액의 물건을 살 땐 동전지갑부터 꺼내는 습관을 들여 본다.
이렇게 동전만을 위한 지갑을 만들어 주면
어쩐지 작은 동전 하나도 귀하게 여겨지는 느낌이 든다.
십 원짜리 하나도 알뜰히 쓰는 사람이 되는 느낌.

블랙 퀼트 동전지갑
이건 사실 도장 지갑이다.
어느 날 친구가
"나 도장 지갑 하나만 만들어 주라" 그래서 만들었는데
4년째 주지 않고 있다.
생각보다 예쁘게 만들어진 거 같아 아까운 마음에.
또 만들면 되는데 그렇게 욕심을 내다니……
이제 그만 줘야겠다.
너무 기다리게 해서 미안해~!

담아 두기

아무 생각 없이 얘기를 하다 보면
'어? 내가 이런 걸 기억하고 있네.' 싶을 때가 있다.

기억하려고 한 것도 아니고
나 자신도 잊고 있었는데
내 마음 어딘가에 자리 잡고 있는 기억들.

복수를 하려고 한 것도
나중에 꼬투리를 잡으려고 한 것도 아닌데
나도 모르게 기억하고 있는 것들.
그렇게 담아 두고 있는 것들.

드라마 「파트너」를 촬영할 때
거의 칠 년 만에 만난 어느 기자.
오랜만에 보는 것이라 아무 생각 없이 반갑게 인사를 했는데
어쩐지 상대방의 분위기가 이상했다.
'어? 이 사람이랑 인사하면 어색한 사이? 뭐지? 뭐지? 왜 안 떠올라~!'
그 기자는 무척 당황하며 얼굴까지 빨개졌는데 그제야 생각이 났다.
예전에 나에 대한 무척 안 좋은 기사를 썼던 바로 그 기자!
나는 그래도 우호적인 기사들이 많은 편이지만
데뷔하고 몇 년은 가슴이 아파지는, 나와는 상관없는 기사들이 나오곤 했다.
그런 것들이 나를 차갑게 만든다.

그 기자는 무척 미안해하며
그때는 일 때문에 어쩔 수 없었다고 사과했다.
지난 기억이 떠올라 유쾌한 기분은 아니었지만 나 역시
"지난 애길 뭘 하세요."라며 짐짓 쿨한 척 했다.

"언젠가 좋은 일로 갚을 날이 올 거예요."라며
그 기자가 건넨 명함에는 청소년상담센터의 직함이 찍혀 있다.
기자 일을 그만 두고 청소년들의 상담을 한다는 그 역시 여린 사람.
그 명함을 받아 들고 나는 오히려 미안해졌다.

어린 시절에는 내 색깔을 찾아가는 시기라서 그런가?
나만의 스타일을 만들어 가겠다고
별 것도 아닌 것에 쓸데없는 고집을 부렸다.

받아들이지 못하고 꺾지 못하는 고집과 자존심.
그런 것이 나를 지키는 방법이라고 생각했을까.

조금씩 나이를 먹으면서 생각들이 바뀐다.
누군가에게 받는 상처와 배신, 그리고 용서.

상처를 주는 사람도,

받는 사람도 똑같이 피해자다.

상처를 받은 핑계로

상처를 준 사람에게

치유해 줄 것을 요구하고

혼자 걷기를 거부하며 의지하여

스스로를 나약한 자로 만들지 말자.

내 상처…….

내 스스로 닦아 주고 쓰다듬으며

그렇게 나와 더 가까워지는

방법을 선택해 보자.

I
a m
. . .

나는 무엇을 담고 싶었을까?

나는 그동안 무엇을 담아 왔을까?

그리고

앞으로 나는…… 무엇을 담아 가야 할까?

지금은 알 수 없다. 알아 가야 한다.

하지만 한 가지는 안다.

무엇을 담기 이전에

하나쯤은 내려놓아야 한다는 걸.

덜어야 한다는 걸.

담으려는 것이 큰 것이면 큰 것일수록

더 많은 자리를 비워야 한다는 걸.

놓치고 싶지 않으면 않을수록

포기하는 것들에 대한 아쉬움도 함께 버려야 한다는 걸.

그래서 채우는 것보다 비우는 것이 더 어렵다는 걸.

What I want

당신 앞에 커다란 가방이 있습니다.
그 앞에는 여러 가지 작은 공들이 놓여 있죠.

건강, 행복, 가족, 돈, 명예, 성공, 사랑, 아름다움…….

자, 이제 정해진 시간 안에 공들을 골라
가방 안에 넣으면
모두 당신의 것이 됩니다.
이제부터, 시~작!

당신은 어떤 공을 집었나요?
집은 공에 무엇이 쓰여 있는지 제대로 확인했나요?
무엇이 되었든, 그저 집어넣기에 바빴나요?
그냥, 많이 담기를 원했나요?

이제 정해진 시간이 끝나고 가방을 열어 봅니다.

그 가방 안에
제일 많이 담겨 있는 것은 무엇인가요?
그것은 정말 원했던 것인가요?
그저 많이 담기에만 바빴다 해도
그래도 나의 무의식이 고른 그것은……
무엇인가요?

플라워 가방

이 가방의 진짜 이름은 '인순이'다.
「인순이는 예쁘다」라는 드라마를 찍을 때
어울리는 가방을 찾을 수 없어 바로 만들었다.
마치 인순이가 만들어 들고 다니는 것처럼.
이 가방을 들고 계속 드라마를 찍었고 그래서 이름이 인순이.
가방마다 아니, 물건마다 이름을 붙여 주면
더 의미 있고 가치 있어지는 거 같아 종종 이름을 붙인다.
어떤 음악을 들으면 그 당시의 추억이나 감정이 떠오르듯
나는 이 가방을 보면 인순이가 생각난다.
인순이는 마치 거울을 보는 듯했다. 인순이를 통해 나를 봤고
잃었던 많은 것을 다시 찾을 수 있었다.
힘들었던 순간에도 연기하는 나를 포기할 수 없었던 건
다른 누군가도 내 연기나 작품을 보며 나처럼 힘을 얻을 테니까.
잠깐이라도 웃을 테니까.
그건 어떤 큰 가방에도 담을 수 없는 나의 가장 큰 행복이다.

큰 체크 가방

얘로 말할 거 같으면, 참 많이도 나랑 같이 다녔는데
영국에서 아주 유명한 백화점도 같이 갔더랬다.
그 많은 명품 가방들 앞에서도
절대로 굴하지 않았던 이 녀석이 이제는 보풀이 여기저기.
그래도 어찌나 튼튼한지 영국에서 학원 책들을
한 아름 넣고 다녔어도 어디 한 구석 터지지 않았다.
보통 원단과 같은 색 실을 쓰기 마련이지만
빨간색 실을 사용해 줬더니 은은한 포인트가 되어 주었다.
안감이 어두운 원단이라 안의 물건을 찾기에는 좀 힘들지만…….
좀 밝은 색을 써 보완하는 게 좋겠다.

뉴스페이퍼 가방

재단하기

겉감 A ×1장, 안감 B ×1장, 접착솜, 가방끈

1 옆선 박기 겉감 A의 겉이 맞대게 솜과 겉감 A를 함께 반 접어 양 옆을 박는다.

안감 B도 겉이 맞대게 반을 접어 박는다.

2 모서리 접기 겉감과 안감 모두 시접을 반으로 갈라 다림질한 후 바닥의 모서리 부분을

삼각형 모양으로 접어서 12cm 길이가 되게 박음질하고 접어 올려 고정한다.

3 연결하기 겉감과 안감 모두 윗부분의 시접 1cm를 안쪽으로 꺾어 다림질한다.

겉감을 뒤집어 안끼리 맞대도록 안감을 넣는다.

4 끈 달기 끈을 겉감과 안감 사이에 5cm 정도 넣고 윗부분을 박음질한다.

끈은 무엇을 넣어도 끊어지지 않도록 튼튼하게 모양내어 한 번 더 박음질한다.

재단하기

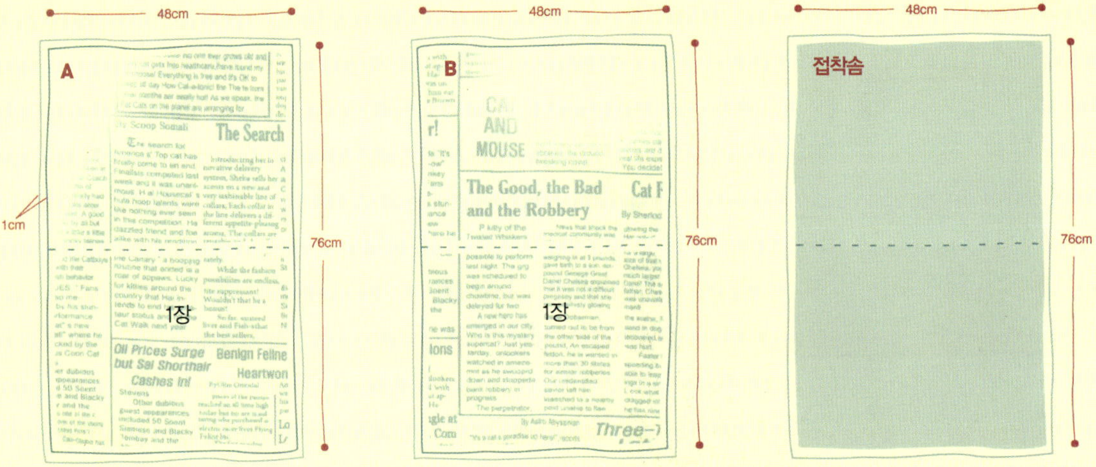

48cm · 76cm · 1cm — A · 1장

48cm · 76cm — B · 1장

48cm · 76cm — 접착솜

1 · 2 · 12cm · 3 · 4

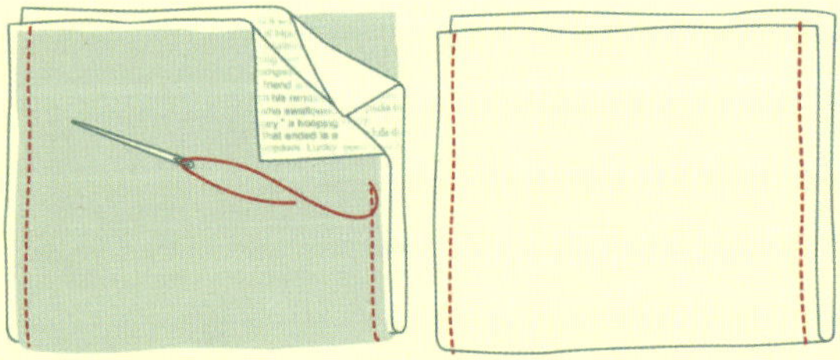

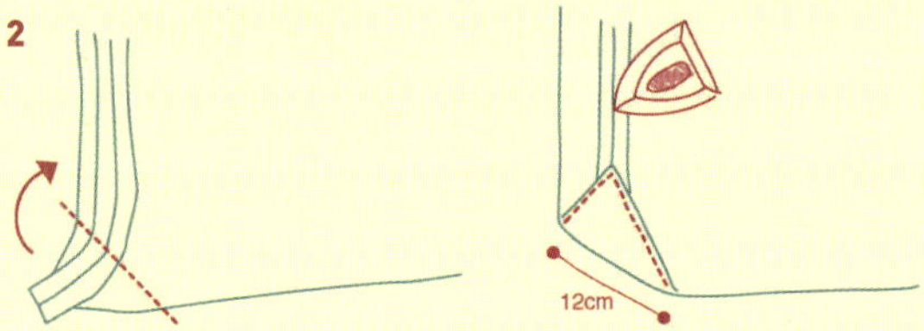

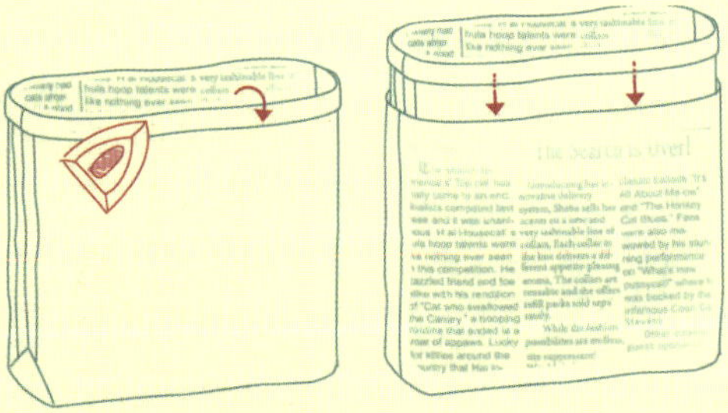

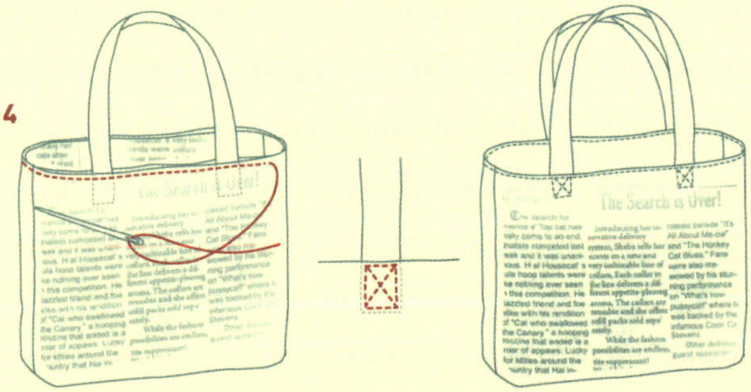

체크 슬리퍼

재단하기

겉감 A ×2장, 겉감 A-1 ×2장, 안감 B ×2장, 안감 B-1 ×2장, 라벨 C ×1장, 접착솜

1 심지 붙이기 안감 B와 B-1의 안쪽에 시접분을 남기고 접착솜을 붙인다.

2 라벨 달기 라벨 C에 원하는 내용을 새기고 시접을 접어
안감 B-1의 겉면 발뒤꿈치 쪽 가운데에 홈질로 붙인다.

3 발등 만들기 겉감 A와 안감 B를 겉끼리 맞대고 발 입구 쪽을 시접 1cm를 남기고 박은 후
안감을 뒤로 넘겨 입구를 따라 빨간 실로 스티치 한다.
발가락 쪽 남은 U자형은 시접을 0.5cm 남기고 박는다.

4 연결하기 만들어 놓은 발등 부분을 안감 B-1 겉면에 대고 0.5cm 시접을 남기고 박는다.
그 위에 겉감 A-1의 겉면을 맞대어 놓고 창구멍을 남기고 1cm 시접을 두어 박는다.
창구멍으로 뒤집은 후 공그르기로 마무리한다.

재단하기

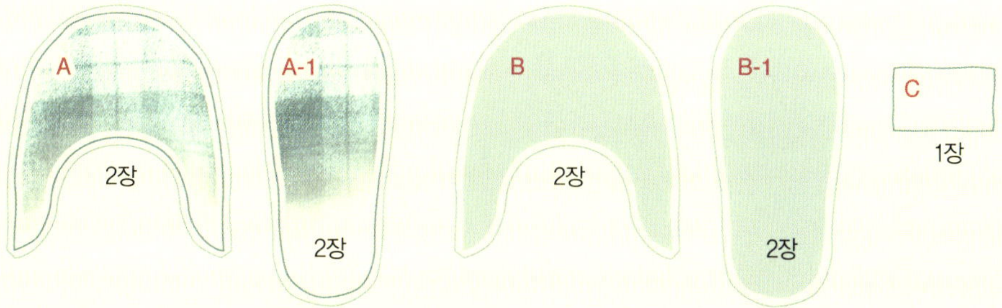

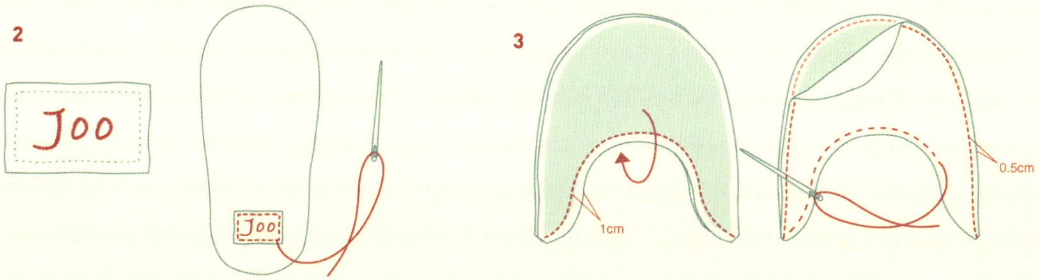

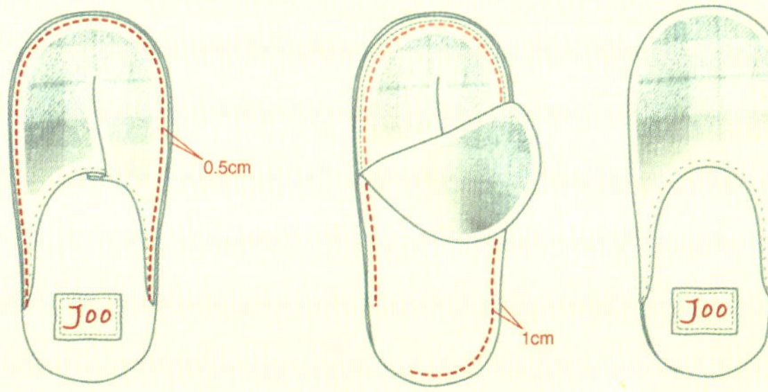

리넨 동전지갑

재단하기

겉감 A ×2장, 안감 B ×2장, 접착솜 ×2장, 지퍼

1 심지 붙이기 겉감 A의 안쪽에 시접분을 남기고 접착솜을 붙인다.

2 지퍼와 둘레 박기 겉감 A 입구 부분 양쪽 끝을 1cm 정도 남겨 놓고 지퍼를 붙인 후
두 장을 겉끼리 맞대고 옆과 아래 세 면을 1cm 시접을 남기고 박는다.
안감 B도 지퍼 없이 똑같은 방법으로 옆과 아래를 박아 만든다.

3 모서리 접기 시접을 가른 후 모서리를 삼각형 모양으로 눌러 3cm 길이가 되게 박는다.
안감도 같은 방법으로 만든다.

4 연결하기 안감을 뒤집어 겉면이 보이도록 한 후 겉감을 넣고 안감과 지퍼 부분을 공그르기한다.
뒤집어 마무리한다.

재단하기

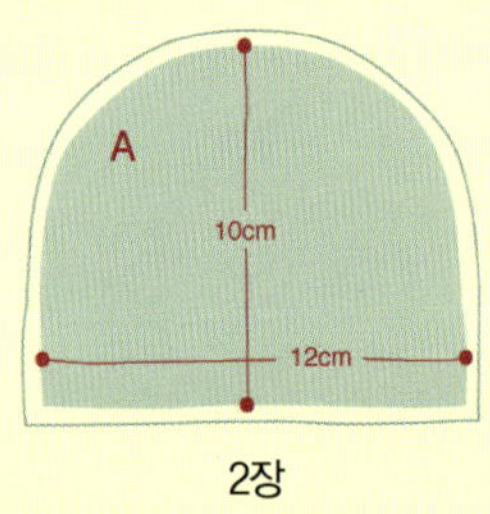

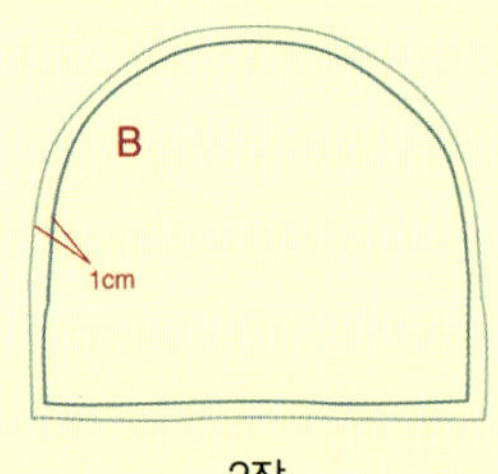

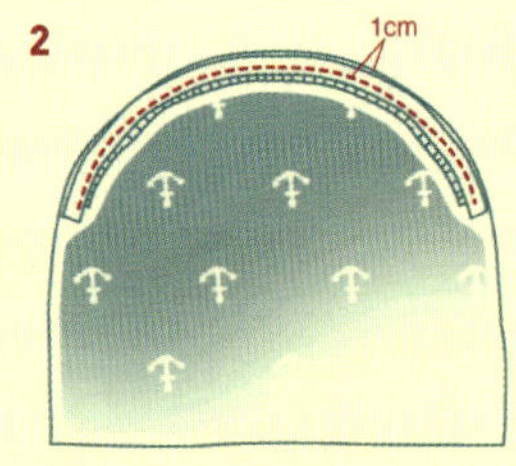

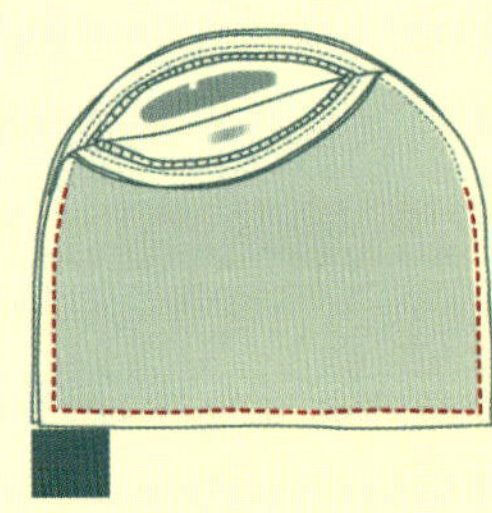

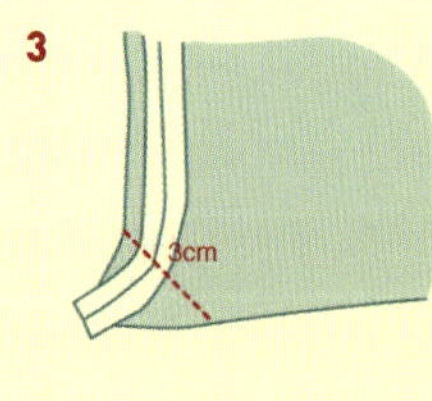

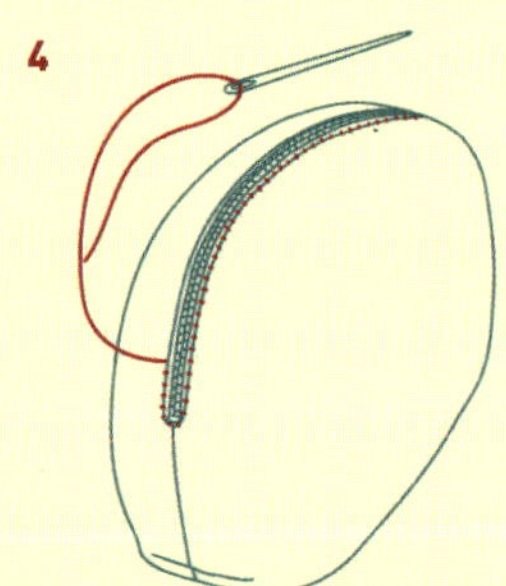

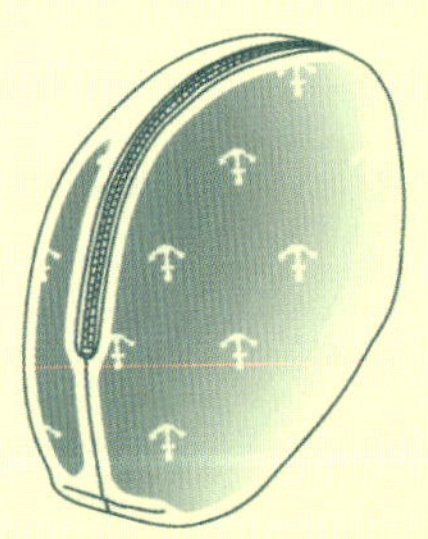

손뜨개 명함 케이스

재단하기

안감×2장, 뜨개실

1 안감 만들기 안감의 겉끼리 맞대어 창구멍을 남기고 1cm 시접을 두어 둘레를 박은 다음 창구멍으로 뒤집어 공그르기로 막는다. 다시 반으로 접어 옆과 아래를 공그르기 해서 주머니를 만든다.

2 겉감 뜨기 도안대로 원통형으로 뜨고 아래쪽은 코바늘로 막는다.

3 연결하기 겉감 속에 안감을 넣어 주고 입구를 스티치 하여 고정시킨다.

재단하기

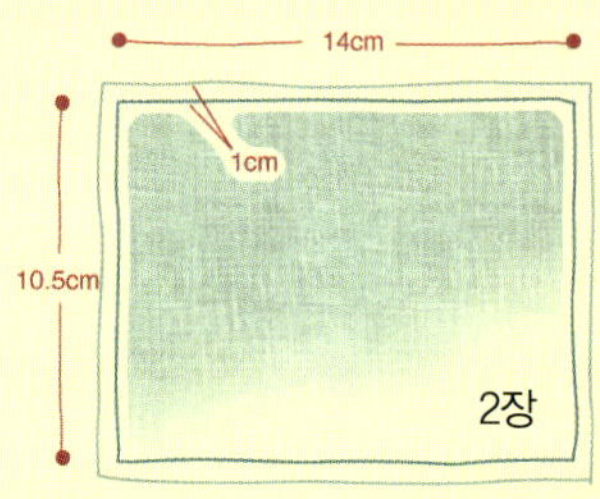

1

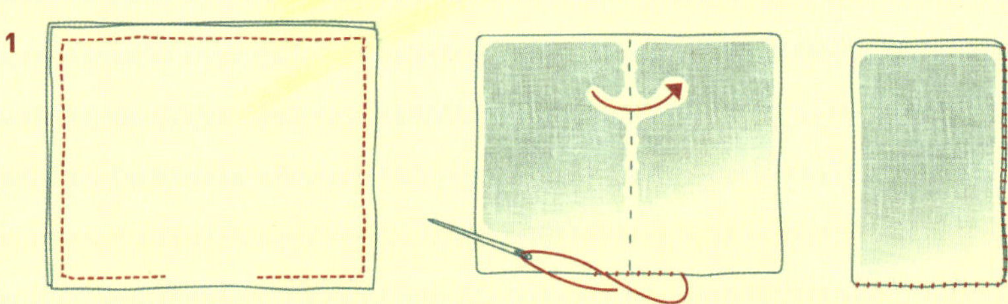

2

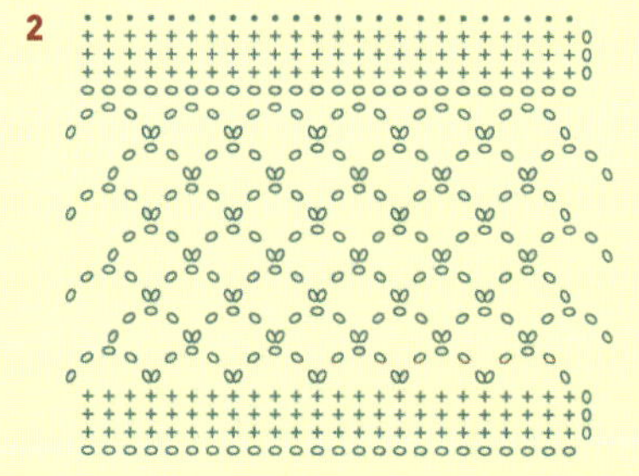

3

이니셜 명함 케이스

재단하기

겉감 A ×2장, 안감 B ×2장, 끈 10cm, 단추

1 이니셜 수놓기 겉감 A의 겉면에 원하는 이니셜을 수놓는다.

2 겉과 안 만들기 겉감 A 두 장의 겉과 겉을 맞대고 옆과 아래 세 면을 1cm 시접을 남기고 박은 다음 겉면의 위쪽에 끈을 고정한다. 안감 B는 옆면에 창구멍을 남기고 끈 없이 같은 방법으로 만든다.

3 연결하기 안감을 뒤집어 겉끼리 맞대도록 겉감의 안쪽에 넣고 입구를 돌려 박는다. 창구멍으로 뒤집고 공그르기로 마무리한 후 끈 반대쪽에 단추를 단다.

재단하기

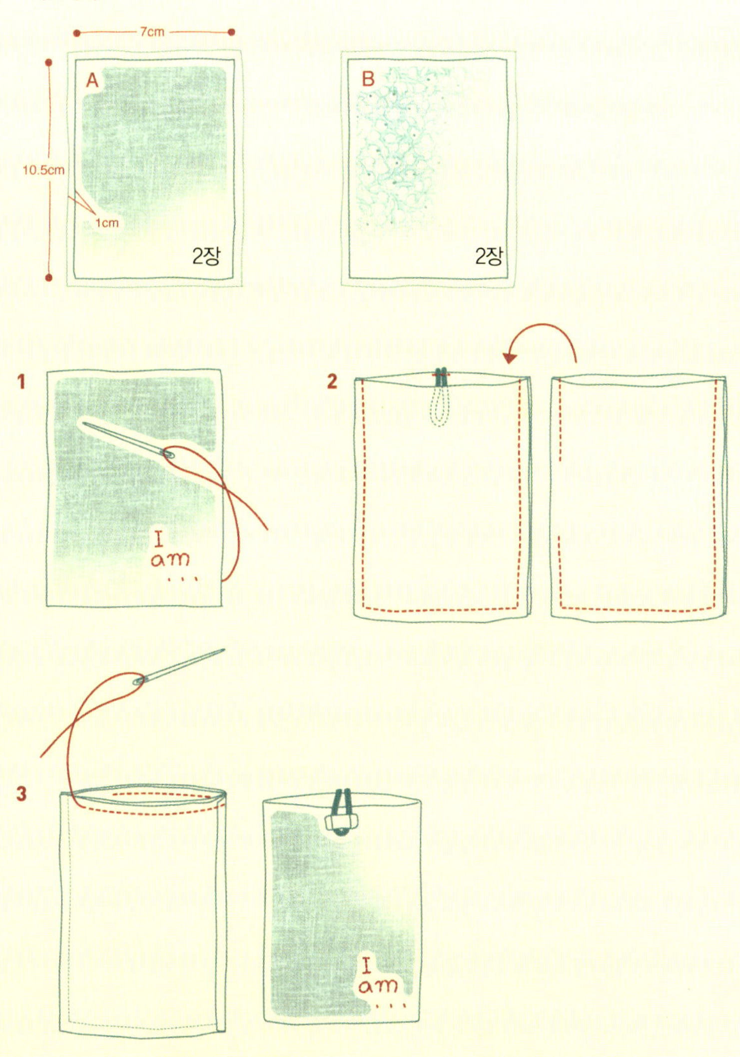

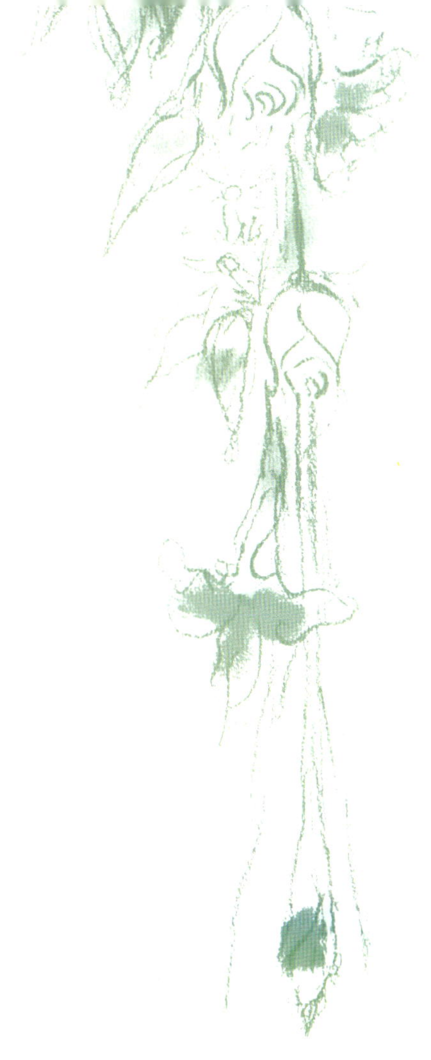

떠나기

떠나기와 돌아오기 **여권지갑**

긍정으로의 여행 **기내세트**

햇볕은 쨍쨍! 노래는 반짝! **다이어리 가방**

계획과 절교하고 다짐과 이별하기 **작고 둥근 체크 가방**

오래된 것의 아름다움, 보존의 철학 **휴대용 반짇고리, 빨간 코바늘 반짇고리**

짧은 혀, 간사한 입맛 **에펠탑 파우치와 삼각필통**

떠나기와 돌아오기

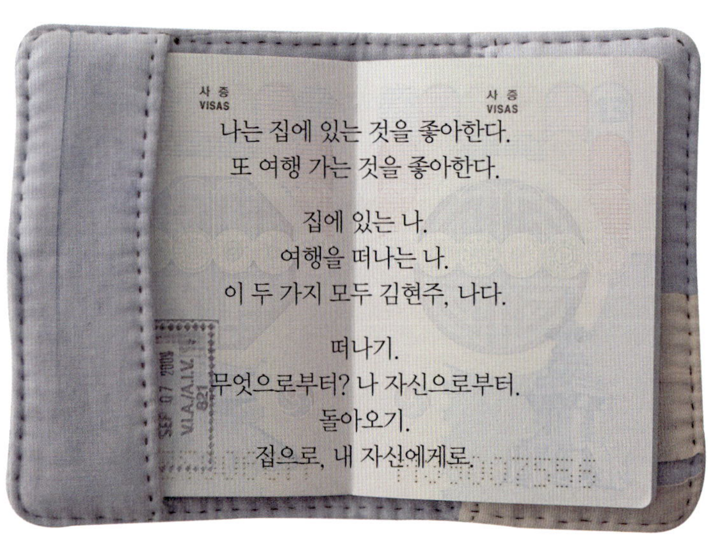
사 증
VISAS
사 증
VISAS
나는 집에 있는 것을 좋아한다.
또 여행 가는 것을 좋아한다.

집에 있는 나.
여행을 떠나는 나.
이 두 가지 모두 김현주, 나다.

떠나기.
무엇으로부터? 나 자신으로부터.
돌아오기.
집으로, 내 자신에게로.

여권지갑 How to make 80쪽

여권지갑은 비슷비슷한 걸로 많이들 가지고 있다.

비슷한 것들 속에서 어디 조금 튀어 볼까?

사실 이건 샘플로 만들어 본 건데 반응이 좋아 내 여권을 넣었고

캐나다도 함께 다녀왔다.

그러고 보니 이 녀석, 하늘과 닮은 것이

여권지갑으로 해외여행 함께 하기에 딱인 거 같다.

뒤에 좌석표를 꽂을 수 있게 만드는 것도 잊지 말고.

궁정으로의 여행

나는 꽤 괜찮은 사람이다.
나는 그런 나를 사랑한다.
그래, 나는 긍정적인 사람이다.

이 세 가지의 간단한 문장을 말하기까지 오랜 시간이 걸렸다.

나는 사실 낙천적인 사람이 아니다.
'좋은 게 좋은 거지' 하고 무작정 태평하게 있는 걸
굉장히 불편해하고 불안해하는 사람이다.

밝은 성격이지만 명랑 쾌활하지는 않다.
눈물도 많고, 외로움도 많이 타고, 자주 우울해진다.

그래서 더 이상 우울하지 않으려고 노력했고
혼자 있는 것에 쓸쓸해하지 않으려고 노력했다.
더 이상 약해지지 않기 위해서, 강해지려고 노력했고
외로움에 지지 않으려고, 혼자 버텼다.
그러자, 그런 내가 불쌍하고 처량해지는 순간들이 다가와 버렸다.
'그래, 나는 약하고, 외롭고, 우울해.'
깔끔하게 인정하고 보니
그런 나를 지금까지 이끌어 온 것도 역시 '나' 라는 생각이 들었고
이젠 자신 있게 말할 수 있다.

나는 긍정적인 사람이다.
내가 처음부터 긍정적이어서가 아니라
긍정적이려고 노력하니까.
그리고 그 노력은 수많은 실패와 배신 속에서도
조금씩 습관이 되어 간다는 걸 믿으니까.
그리고 그 긍정적인 습관이 요즘 좀 탄력 받고 있으니까!

예쁜 생각을 하는 사람에게는 못생긴 일이 일어나지 않는다.
그러니까 나는 앞으로 더 긍정적인 사람이 될 것이다.

기내세트(주머니 달린 파우치, 수면안대, 덧신 슬리퍼) How to make 81, 82, 83쪽
장시간 기내에 있다 보면 필요한 게 많아진다.
화장품이며 칫솔에, 편하게 신발도 좀 벗고 싶고,
그러니 신고 벗기 편리한 슬리퍼도 있어야겠고
푹 자게 안대도 있어야겠고.
안대는 사실 자는 모습을 보이기 민망해서
기내에 있는 안대를 쓰려다
기왕이면 좀 예뻤음 좋겠다는 생각에 만들게 됐다.
피부에 닿는 부분을 거즈 원단으로 해 주면
촉감이 좋아 어쩐지 잠이 더 잘 오는 느낌이다.
그런데 안대가 예뻐서 지나가는 사람들이 오히려 더 쳐다보는 거 아냐?

햇볕은 쨍쨍! 노래는 반짝!

친구와 필리핀으로 여행을 갔을 때의 일이다.
우리가 갔던 곳은 섬 하나에 그 리조트뿐이어서
객실, 식당, 안내데스크, 그리고는 바다뿐이었다.
현대적인 가전제품도 거의 없어서
객실에 TV도, 냉장고도 없고
전화를 걸려면 안내데스크에 딱 하나 있는 전화를 써야 했다.
그런 곳에 며칠 있다 보면 할 일이 없다.

아침에 일어나서 밥 먹고 수영하고,
책 좀 보다가 다시 또 밥 먹고,
바다에 있다가 해가 저물면 또 밥 먹고.
그 다음엔? 잔다.
매일 이런 스케줄이 반복.
난 이런 여행을 꽤 좋아하기 때문에 친구와 수다를 떨면서 그저 쉬었다.
그런데 내 머리는, 내 생각은 쉬지를 못했는지
이런 저런 생각들이 친구와의 수다에서 쏟아져 나왔다.
정리되진 않았지만 솔직한 생각들.
나도 몰랐던 내 마음 속 이야기들.

사실, 나에게는 나만의 주제곡이 하나 있다.
내가 우울할 때 부르는 노래.
기운이 없을 때 스스로를 격려하는 노래.
그 노래를 그때 내 친구에게 최초로 공개했다.
단순한 멜로디가 반복되고 누군가의 앞에서 부르려니 가사도 가물가물해서
그 순간 새로 창작해 낸 가사도 있었지만 계속 반복되는 이 구절은 확실하다.

♪ 행복해요~ 나는~!
♪ 사랑해요~ 나를~!

"이거 좀 멋지지 않아?"

"그래, 그거 좀 괜찮다!"

눈이 부시게 내리쬐는 쨍쨍한 햇빛 아래
너무도 할 일이 없어,
오후 네 시에 맥주 한 잔을 둘이 나눠 마시며
어느새 그 여행의 테마가 되어 버린
'긍정적' 인 말투로 우리는 자신 있게 말했다.
단순하기 그지없는 멜로디, 유치찬란한 가사.
남들이 웃으면 어때?

이제는 그 주제곡이 없어도
노래로 주문을 걸지 않아도
나는 잘 살아갈 수 있다.

나는 행복하니까.
나를 사랑하니까.

그리고, 반복되는 내 주제곡의 마지막 구절.

♪ 누구도 부럽지 않아요~!

그래, 난 누구도 부럽지 않아!
부럽지, 않, 아?
사실, 뭐 어떤 부분에서는 부럽긴 좀 부러울 때가…….
그치만, 부러우면 지는 거다!

다이어리 가방 How to make 84쪽
가방에서 자꾸 꺼냈다 넣었다를 반복하니 테두리가 닳아가고 있는 다이어리.
갈 때마다 이 집인지 저 집인지 헷갈려서 챙겨 오게 된
원단 가게 명함과 거기에 붙어 있는 샘플 원단들.
이렇게 모인 샘플 원단들을 만나게 했더니 작은 가방이 완성됐다.
조각원단을 이은 뒤, 레이스 같은 걸로 조금만 장식을 해 주면
금방 다이어리를 보호해 줄 가방이 만들어진다.
펜도 함께 보관할 수 있어 꽤 편리하다.
호텔에 있는 엽서들도 여기에 살짝 담아오자.

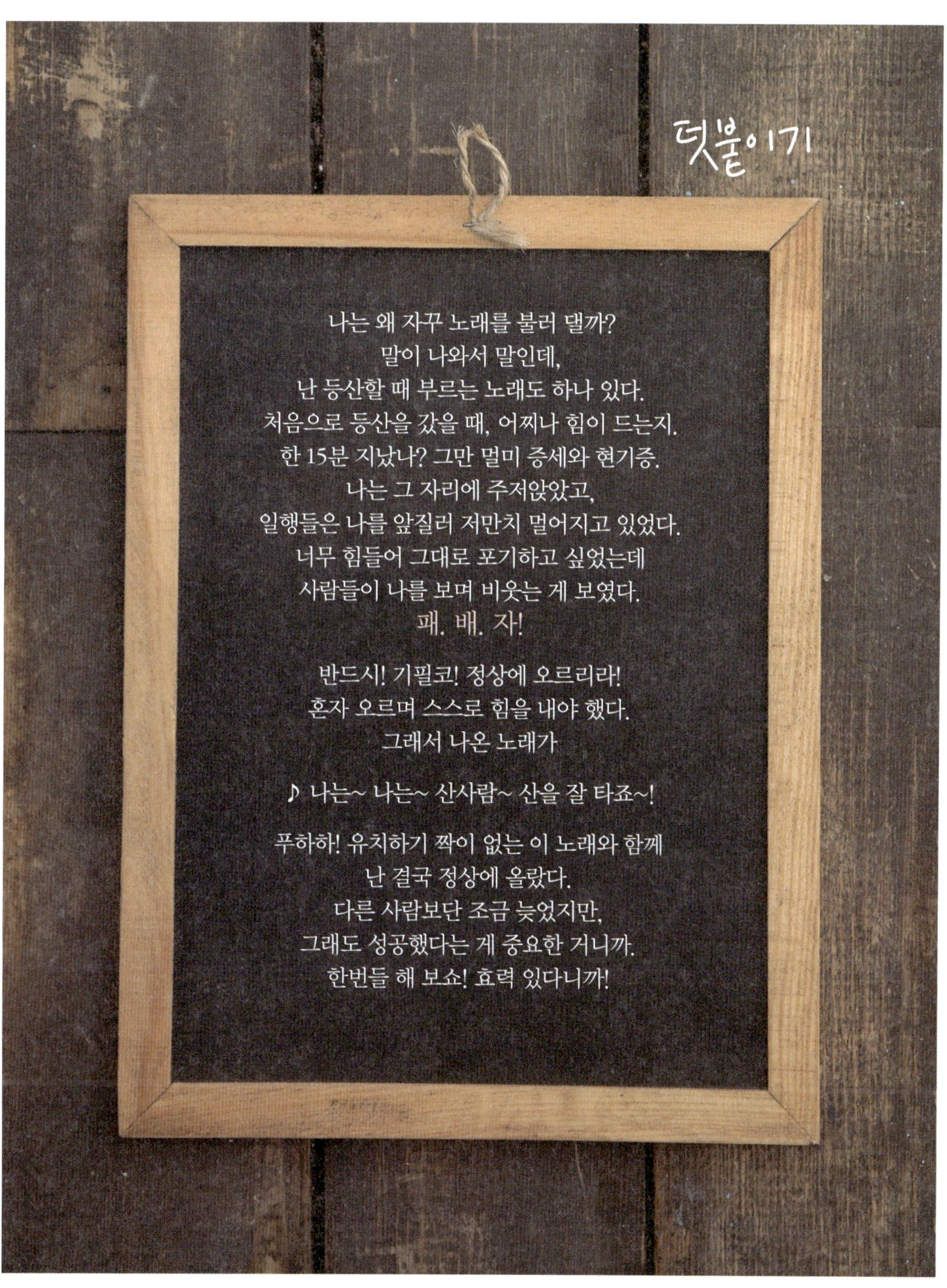

나는 왜 자꾸 노래를 불러 댈까?
말이 나와서 말인데,
난 등산할 때 부르는 노래도 하나 있다.
처음으로 등산을 갔을 때, 어찌나 힘이 드는지.
한 15분 지났나? 그만 멀미 증세와 현기증.
나는 그 자리에 주저앉았고,
일행들은 나를 앞질러 저만치 멀어지고 있었다.
너무 힘들어 그대로 포기하고 싶었는데
사람들이 나를 보며 비웃는 게 보였다.
패. 배. 자!

반드시! 기필코! 정상에 오르리라!
혼자 오르며 스스로 힘을 내야 했다.
그래서 나온 노래가

♪ 나는~ 나는~ 산사람~ 산을 잘 타죠~!

푸하하! 유치하기 짝이 없는 이 노래와 함께
난 결국 정상에 올랐다.
다른 사람보단 조금 늦었지만,
그래도 성공했다는 게 중요한 거니까.
한번들 해 보쇼! 효력 있다니까!

허투루 살아가는 것 같은 나를 용서할 수 없어서

늘 알 수 없는 계획과 다짐들을 늘어놓는다.

그렇지만 스스로 세워 놓은 계획과 다짐들을 지키지 않는 나는

더 용서할 수 없다.

그렇게 용서되지 않는 나와의 오랜 싸움.

그냥 다짐을 하지 마.

그럼 나에게 실망할 일도 없잖아.

한 치 앞도 모르는 게 인생이라는데

알 수도 없는 미래에 대한 자만이 지나쳤어.

자꾸만 나를 괴롭히지 마.

계획과 절교하고 다짐과 이별하기

어느 날은 친구와 술 한 잔을 하는데

분명 바람이 시원하게 부는 날이었을 거다.

바람이 가슴으로 온다며,

그렇게 내 맘을 흔든다며,

사랑이 올 때의 느낌이라며.

"그냥 술 마시고 싶다 해!"

핑계를 만들어 합리화시키는 술자리.

누가 이기나 해 보자는 건지, 나를 망가뜨릴 양인지.

시련에 시련을 이기려고 안간힘을 쓰고 있을 때였다.

대화의 내용은 절망, 좌절, 포기, 비관적인 어두운 이야기들뿐.

그 안에서 조금이라도 견뎌 보자고 꺼낸 이야기는,

홍콩!

영화 촬영으로 꽤 오래 머물렀던 홍콩은

고향에 남아 있는 친구 같은 존재.

그때 이 친구가 응원 차 방문했고,

우리에겐 좋은 기억으로 남아 있었다.

잊을 수 없는 헤어진 연인의 기억이

저 끄트머리로 사라짐을 아쉬워하듯,

우리는 그때의 좋았던 추억을 아스라이 붙잡고 있었다.

그래, 우리는 그곳으로 떠나야 했다.

계획에 없던 일이 생기면

어색함과 당혹감, 부끄러움까지 모든 것이 불안하다.

그런데 그날 밤은 왠지 모를 추진력이 모든 것을 이겼다.

어디서 그런 부지런함이 나왔는지

이미 새벽이었음에도 불구하고

각자 집으로 돌아가 한 시간 만에 짐을 싸고,

티켓을 예약하고, 그때 묵었던 호텔에 전화해 예약까지 했다.

"꼭 그때 그 방이어야 해요."

난 술을 마시면 영어를 꽤 한다! 크크.

그렇게 도착한 홍콩에서 뭘 했냐고?

늘 그렇듯, 별 거 안 했다.

그저, 호텔 창밖의 풍경을 바라보며

우리는 한동안 아무 말도 하지 않았다.

그럴 거 홍콩엔 왜 갔냐고? 가고 싶었으니까.

생각한 걸 행동에 옮기고 싶었으니까.

진짜 행동에 옮기는 나 자신을 만나고 싶었으니까.

그리고 그런 내가 꽤 멋지다는 걸 깨달았으니까.

허투루 살아가는 것 같은 나를 용서할 수 없어서

늘 알 수 없는 계획과 다짐들을 늘어놓는다.

그렇지만 스스로 세워 놓은 계획과 다짐들을

지키지 않는 나는 더 용서할 수 없다.

그렇게 용서되지 않는 나와의 오랜 싸움.

그냥 다짐을 하지 마.

그럼 나에게 실망할 일도 없잖아.

한 치 앞도 모르는 게 인생이라는데

알 수도 없는 미래에 대한 자만이 지나쳤어.

자꾸만 나를 괴롭히지 마.

가끔은 계획에 없던 일에서

행복을 찾을 수도 있고

계획했던 일이 나에게 실망을 줄 수도 있어.

그냥 가끔은,

우리가 맘먹은 대로 그렇게 자유로울 순 없을까?

지금이다 생각이 들면

움직이는 거야.

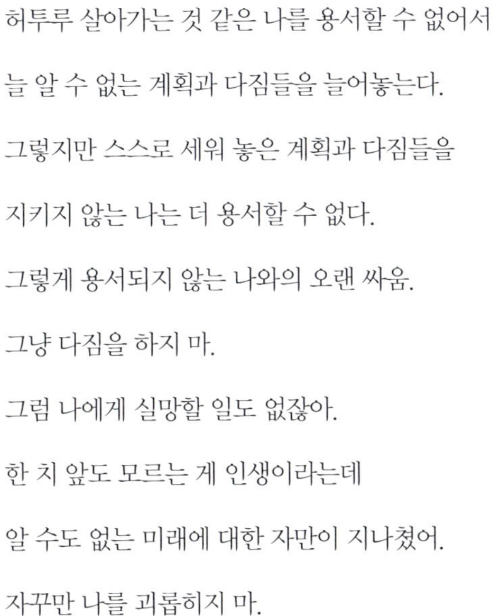

작고 둥근 체크 가방

절대로 절교할 수 없는 한 사람. 이 가방의 주인.
계획에 없던 홍콩행을 동행한 그 친구를 만나
서로의 친구가 된 지 6년쯤 후인가 이 가방을 선물했다.
귀엽고 앙증맞게 주인을 닮게 만들었다.
블랙와치. 이 원단을 너무나 좋아해서 사재기를 해 두고
이것 저것 만드는데 이 녀석은 어울리지 않는 곳이 없고, 질리지가 않는다.
책에 실으려고 빌려 왔는데 얼른 돌려줘야겠다. 잘 썼어~!

덧붙이기

호텔에 도착해 짐을 풀면서, 친구가 말했다.

"나 하도 정신이 없어서 뭘 챙겨왔는지도 모르겠어."

나 역시 급하게 짐을 싼 건 마찬가지.
하지만 여기서 약해질 순 없지.
우린 지금 홍콩에 있으니까!

"필요한 건 여기서 사!"

지금 홍콩에 있다는 것만으로도
스스로가 대견해진 우리는 쿨한 목소리로 말했지만
여행가방을 앞에 두고 자신 없는 표정으로 짐을 풀었다.

그렇지만 웬걸,
그 짧은 시간에 챙길 건 다 챙겨 왔다.
심지어 옷도 용도별로 색깔 맞춰 잘 챙겨 왔으니

난 역시 짐 싸기의 여왕!

나는 내가 의심했던 것보다 꽤 괜찮은 사람일지 모른다.
뭐든 잘 할 수 있는!

나는 그렇게 홍콩의 호텔에서
생각했던 것보다 훨씬 멋진 나를 만났다.

오래된 것의 아름다움,
보존의 철학

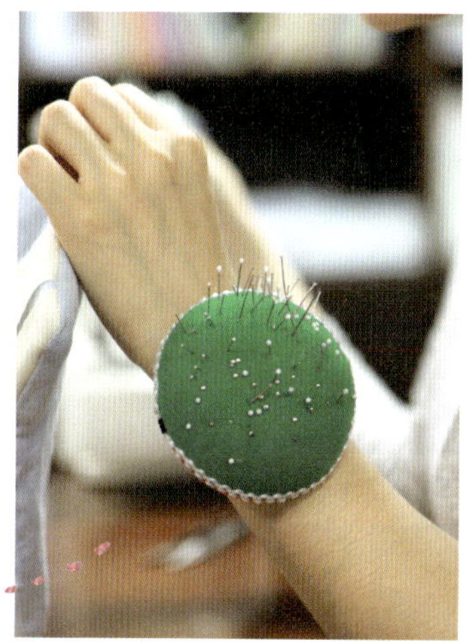

오래된 멋스러움과 촌스러움은 다른 것, 이런 건 고민할 것도 없이 바꾸자(왼쪽 사진 참조).

2008년 봄, 처음으로 혼자만의 여행을 떠났다.
매니저도 없이, 친구도 없이, 그리고 가족도 없이,
나 혼자만의 영국에서의 생활이 시작되었다.

살 곳을 구하고, 지낼 동안 필요한 살림살이를 장만하고
'쇼핑' 이 아닌 '장' 을 보면서
나는 진짜 '생활' 을 해 나갔다.

런던은 참 멋스러운 도시이다.
최첨단 유행이 거리를 메우고 있지만
그보다는 한때 전 세계를 재패했던
그들의 긍지와 자존심이
오래된 건물과 오래된 물건들로
더한 멋을 풍기는 곳이다.

그런데, 이런 '오래된 멋' 이 내 발목을 잡았다.
어느 날, 집으로 들어가려는데
열쇠가 고장이 났는지 문이 열리지 않았다.
이렇게도 해 보고 저렇게도 해 봤지만
열쇠는 돌아가지 않았고
무섭고 당황한 나는 한국에 국제전화를 했다.

"비밀번호 잘못 누른 거 아냐?"

전화기를 타고 들려오는 말에 나는 어이없어 소리쳤다.
누를 번호 따윈 없다고! 열쇠야! 열쇠!

크고 누르스름한, 그림에서나 보던 그 열쇠!
그렇다.
첨단의 도시 런던의 문에 비밀번호 같은 건 없다.
무겁고 커다란 열쇠를 열쇠 구멍에 맞춰 넣고 돌려야 문이 열린다.

잠시 진정하고 급하게 수리공을 불렀다.
그런데 이게 또 웬일!
전문가인 수리공이 왔는데도 문은 열리지 않았다.
그 집의 문에 달려 있던 자물쇠와 열쇠는
너무나 오래된 것이라서 수리공도 손을 못 대겠다는 것이다.
너무 오래되고 낡아서?
손쓸 수 없을 정도로 이미 가치를 잃어서?
아니다. 너무 '귀해서' 손을 대지 못하는 것이다.
너무 오래된 것이라 너무나 비싸고,
그렇게 비싸고 좋은 것에
함부로 손을 대지 못한다는 것이다.

영국은 앤틱의 나라다.
오래된 것이 대접받는다.
골동품의 멋을 인정해 준다.

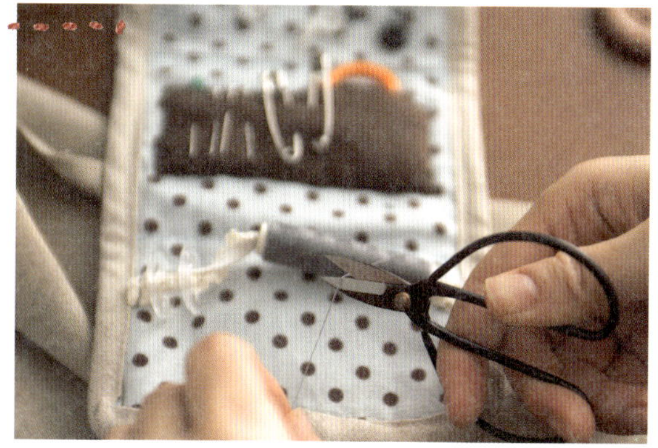

자세히 들여다보면,
도대체 언제 지었는지 짐작도 못할 만큼 오래된 건물.
하지만 그들은 그 오래된 건물을 허물고
새로운 빌딩을 세우지 않는다.
조심스럽게 가꾸고 보수해서 오래도록 보존한다.

그렇게 오래된 건물에는 엘리베이터도 없다.
4층에 살았던 나는 무거운 트렁크를 낑낑대면서 올리고 내려야 했다.

불편한 것들이 한 두 가지가 아니다.
하지만 영국 사람들은 엘리베이터 대신 삐걱거리는 계단을
여유로운 표정으로 오르내린다.
엘리베이터가 없다는 건,
오래된 건물이라는 뜻이고
그것은 곧, 귀하고 좋은 건물이라는 뜻이기 때문이다.

영화 때문에 한번쯤 들어봤을 노팅힐에
'포토벨로Portobello road Market' 라는 유명한 시장이 열린다.
벼룩시장 같은 곳인데, 그곳에서는 무엇이든 상품이 될 수 있다.
단, 새 상품은 없다.

포토벨로 로드 마켓에서 산 재봉틀

누군가의 집에 붙어 있었을 문고리, 누군가의 오래된 사진첩,
빛바랜 편지, 낡은 동전.
오래되고, 그래서 더 멋스러운 물건들이 가득하다.

나도 재미있게 구경을 하다가 오래된 재봉틀을 발견했다.
그 물건을 팔던 아저씨는, 백 년이 된 재봉틀이지만
작동도 되고 설명서도 있다고 자랑을 해댔다.
세월이 고스란히 묻어있는 백 년 된 재봉틀.
단번에 내 마음에 들어 버렸다!
심지어 담는 상자도 남아 있다며 아저씨는 신이 나서 재봉틀을 담아 주었다.
상자는 너무 오래되어서 곰팡이가 슬어 있었고,
그 재봉틀은 어찌나 무거운지.
덕분에 한국으로 돌아오는 비행기에서 오버차지를 내야 했지만
그 재봉틀의 무게에는 그간 지내온 세월의 무게도 담겨 있는 거겠지.

우리는 언제나 새로운 것을 원한다.
더 새롭고 편리한 것.
하지만 사람은 간사해서 그렇게 새롭던 것들에도 금방 싫증을 내고
더 새로운 것을 원한다.

오래된 것들은 이제 재미없고 불편하지만
새로운 것만이 아름다운 것은 아니다.

세월과 역사가 묻어있는 오래된 것의 소중함.
그것을 보존해가는 것이야말로
진정한 멋과 아름다움이 아닐까.

빨간 코바늘 반짇고리
코바늘이나 대바늘은 좀 크게 만들어
이런 식으로 보관해 다닐 수도 있다.
사실 이건 필통으로 만든 건데, 뭘 넣든 내 마음이니까~
내 마음대로 쓰임새를 바꿔가며 다양하게 사용하자.

휴대용 반짇고리 How to make 185쪽
바느질을 좋아하는 나만 필요한 걸까?
하지만 여행 중에 옷에 단추가 떨어지거나 하는 일은
꼭 바느질을 좋아하지 않는 사람에게도 일어나는 법.
그럴 때를 대비해 자리도 차지하지 않는 이 녀석을 넣고 여행을 떠난다면
그런 일이 일어날 때 준비성이 철저한 사람이 될 수 있다.
"누구 바늘이랑 실 있는 사람?"
"저요~ 아니, 다들 없어?"
어쩐지 좀 우쭐하지 않아?
아, 물론~ 프런트에 전화하면 되겠지요.
외국어에 능통하신 분들이라면.

덧붙이기 |

그래서 그 문은 어떻게 열었냐고?

허무하게 수리공도 보내고 나니

마음이 다급해졌다.

복잡할수록 단순하게 생각하라!

1층 이웃에게 망치를 빌려 다급하니 영어가 술술!

쿵쿵 두들겼더니

그냥 열리는 거 있지.

세상은 역시 아날로그.
단순한 것이 최고!

덧붙이기 2

짐을 쌀 때 트렁크 안에 쌀이 1kg만 들어 있었어도 2kg가 있었다!

잡곡도 1kg만 있었어도 2kg가 있었다!

지퍼락 쯤은 잊어버리는 것이 좋았을 것을.

수세미며 세제는 영국 마트에도 다 있는 것이었는데.

열무김치, 배추김치, 매운 라면, 자장라면, 깻잎, 장아찌, 장조림, 카레

조금만 먹을 것에 욕심을 버렸다면.

엘리베이터 없이도 그리 힘들지는 않았을 텐데.

덧붙이기 3

영국은 비가 많이 온다. 그러니 건조할 리 없다.
근데 난 왜 그렇게 건조했던 건지.
카펫으로 되어 있는 바닥 때문인가?
건조는 피부의 적! 주름의 지름길!
세 달 동안 건조하게 지낼 수는 없었다.

가습기를 사러 나갔다.
영어 사전에서 가습기란 단어를 미리 찾아
당당하게 물었다.
"가습기를 사려고 하는데요."
직원이 친절하게 안내도 해 주고.
게다가 50% 세일이란다!
잠깐 쓰기는 좀 크지만 가격이…….
에잇, 작은 거 값이니 그냥 하나 사고
옆 동네 사는 사촌 오빠를 주고 가면 되겠다!
"이거 주세요!"

20kg쯤 되는 아이를 들고 버스를 두 번이나 타고
촉촉해질 나의 피부를 생각하며 한걸음에 왔다.
물을 담아서 슝~ 작동!
아, 기분 좋다.

그리고 다음날 아침.
어? 나, 입술이 왜 이래? 피곤했나? 왜 이렇게 마른 거지?
야! 가습기, 너 뭐야? 근데 이건 뭔 소리? 왜 팬이 돌지? 앗! 혹시……?
제품설명서! 제품설명서 어딨어!
헉! 뭐야. 난 분명히 HUMIDIFIER라고 했는데
못 알아들어서 사전까지 보여 줬는데
근데 왜! 왜! HUMIDIFIER가 아니고 DEHUMIDIFIER라고 써 있냐고!
와우와우와우와~.

가습기가 아니라 제습기였다.
어쩐지 물통에 물이 더 불어 있더라니!
그 뒤론 커다란 제습기를 모셔 놓고 그냥 그릇에 물 떠놓고 잤다.

세상은 역시 아날로그.

단순한 것이 최고!

짧은 혀,
간사한 입맛

일이든 여행이든 외국에 나갈 일이 생기면
머무는 시간이 길수록 한국 음식이 그리워지기 때문에
김치나 라면 같은 것들을 챙겨 가게 된다.
한국에서는 늘 먹던 것이라 특별히 맛있지도 않던 한국 음식이
외국에서 먹으면 왜 그렇게 맛있는지.
그런데, 살다 보니 그 반대의 경험도 생기더라.

촬영 때문에 프랑스에 갔을 때
스텝들의 배려였는지, 그 촬영지가 너무 외진 곳이라서 그랬는지,
하루 세 끼가 꼬박꼬박 한식으로 나오는 거다.
이런! 그래도 여긴 프랑스인데!
매일 매일 한식만 먹다 보니 점점 느끼한 음식이 먹고 싶어지는 상황.

우리에게 피자를 달라~! 스파게티를 달라~!
촬영을 마치니 밤이 어두웠지만
뭐든 서양 음식을 먹고 싶어서 길을 나섰다.
우리가 있던 외진 곳에서 나와
중심가 쪽으로 가다 마트 하나 발견!
환호를 지르며 냉동피자를 사왔다.

그런데
냉동피자라는 것은, 해동을 시켜야 한다는 뜻.
프랑스 시골 마을엔 전자레인지가 없었다.
어떻게 해서든 냉동피자를 먹어 보겠다는 일념에
욕조 가득 뜨거운 물을 받아 놓고 냉동피자, 잠수!

이런.

가벼운 냉동피자는 둥둥 뜨기만 하고
뜨거운 물속으로 잠기질 않는 거다.
손을 담가 눌러 넣자니 물이 어찌나 뜨거운지.
옆에 있던 와인 병으로 냉동피자가 떠오르지 않게
물속으로 밀어 넣었다 놓쳤다 소란을 부리기를 한참.
마침내 그 피자를 입에 넣었다!

나름대로 치즈도 부드럽게 녹은 게 정말 맛있었다.
프랑스에서 프랑스 음식들을 계속 먹었다면
아마 손도 안 댔을 냉동피자.
그 별거 아닌 냉동피자가 그렇게 맛있을 수가!

이런 변덕쟁이 혓바닥,
변덕꾸러기 입맛 같으니라고.
외국에 나가면 김치랑 한국 음식만 찾으면서
한국 음식 챙겨 주니까 또 싫대.
이런 짧은 혀! 이런 간사한 입맛!

에펠탑 파우치와 삼각필통 How to make 86, 87쪽
글쓰기를 좋아하는 나에게는 몇 가지 펜을 넣을 필통이 필요하다.
화장품 몇 가지를 넣거나 여성용품을 담을 수 있는 파우치도 필수!
난 이렇게 세트가 좋다.
뭔가 정돈된 깔끔한 느낌이 들기 때문.
그런데 너무 다 세트로 맞추면 촌스러워질 수 있으니 주의!

J. CORSELIS
PHARMACIEN
BRUXELLES
FORMUL
Poudre
JANEHJO N° 2

여권지갑

재단하기

겉감, 안감 A ×2장, 날개 B ×2장, 날개 C ×2장, 접착솜, 면 테이프 40cm

1 날개 만들기 날개 B에 접착솜을 붙이고 겉끼리 두 장씩 맞대어 옆선을 박고
한쪽을 넘겨 색실로 눌러 박는다. 날개 C도 같은 방법으로 만드는데
면 테이프를 얹어 스티치 쪽에 테이프의 시접 1cm를 뒤로 접어 놓고 스티치 한다.

2 겉 만들기 겉감 A 겉면에 면 테이프의 양옆을 접어 스티치해서 붙이고
겉감 안쪽에는 접착솜을 붙인다.

3 연결하기 안감의 겉면에 날개 B와 C를 고정해 두고 겉감 A의 안쪽이 위로 오게 얹어
창구멍을 남기고 둘레를 박는다.

4 완성하기 뒤집어서 창구멍을 공그르기 하고 둘레를 스티치한다.

재단하기

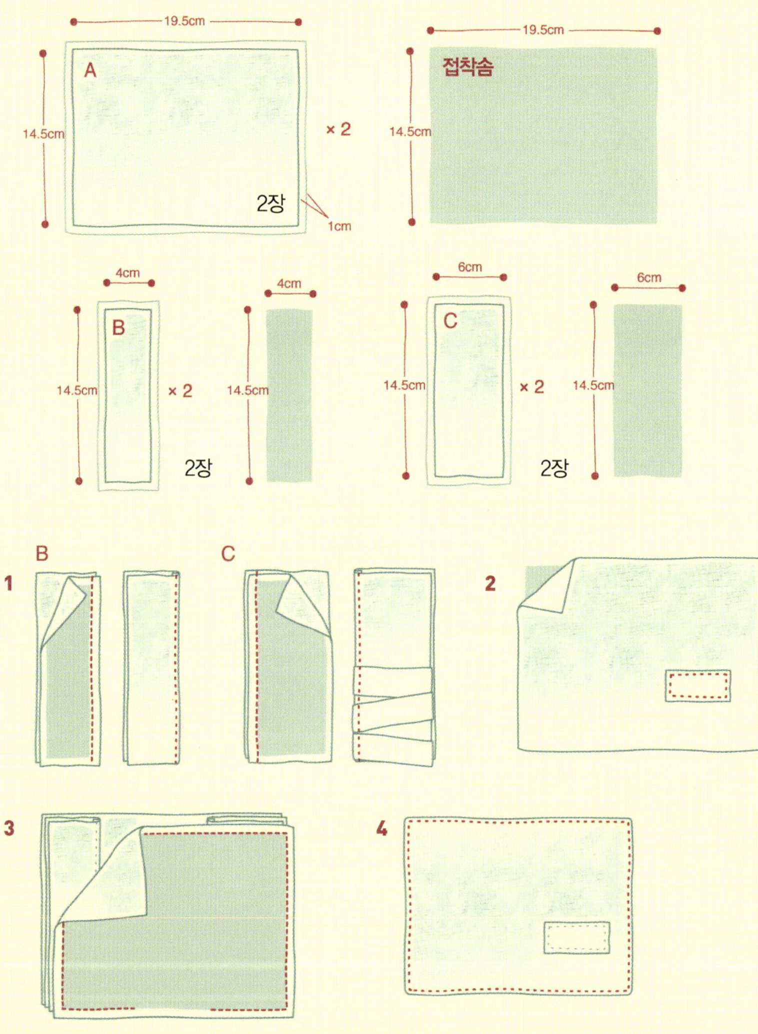

기내세트 1. 주머니 달린 파우치

재단하기

겉감 A ×2장, 안감 B ×2장, 주머니 C ×1장, 입구 D ×2장, 레이스 20cm, 끈 50cm ×2장

1 주머니 부분 만들기 주머니용 원단 C의 윗면을 1cm로 한 번, 2cm로 한 번 더 접어
0.2cm 들여서 박은 후 그 위에 레이스를 붙인다.

2 입구 끈 구멍 만들기 입구용 원단 D의 양쪽 끝을 1cm 안으로 접어 박은 후
겉이 보이도록 길게 반으로 접어 0.5cm 시접을 남기고 아래를 박는다.

3 겉감 안감 만들기 겉감 A의 겉면 아래쪽에 레이스 붙인 주머니의 자리를 잡아 놓고
나머지 겉감 A의 겉을 맞대어 옆과 아래를 박는다.
안감 B도 겉과 겉끼리 맞대어 창구멍을 남기고 옆과 아래를 박는다.

4 연결하기 겉감의 겉면 속으로 입구의 겉을 넣고 0.5cm 더 들여서 고정한다.
안감을 뒤집어 겉감의 겉과 안감의 겉을 맞대어 넣고 고정한 후 1cm 시접을 남기고 박은 다음
창구멍으로 뒤집어 공그르기 한다.

5 끈 넣기 끈 구멍에 양쪽으로 예쁜 끈을 넣으면 완성.

재단하기

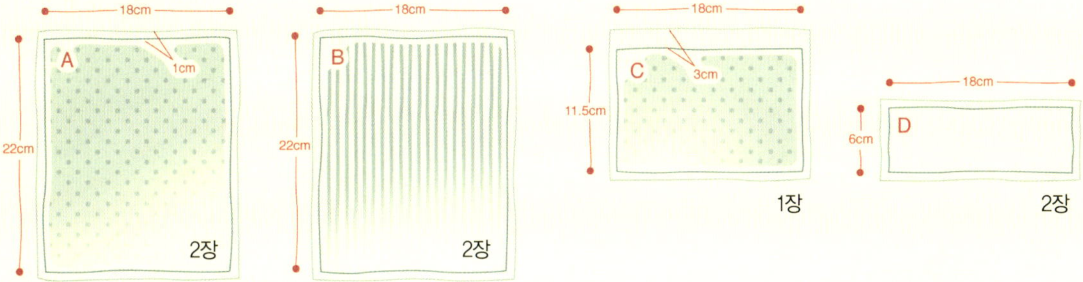

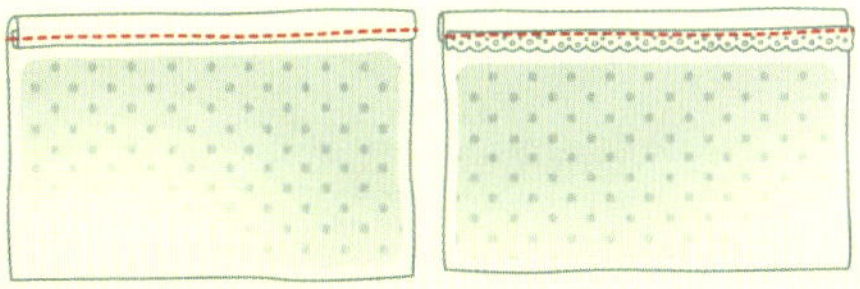

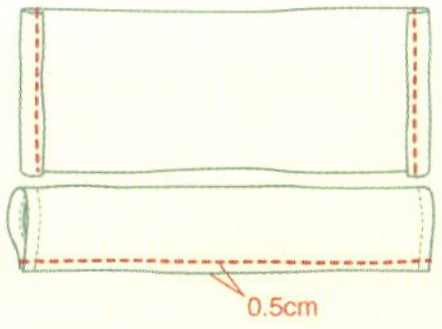

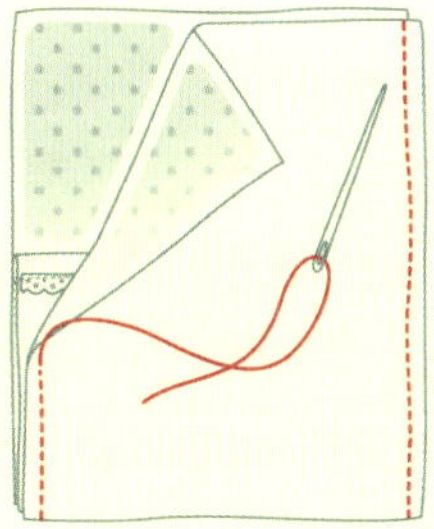

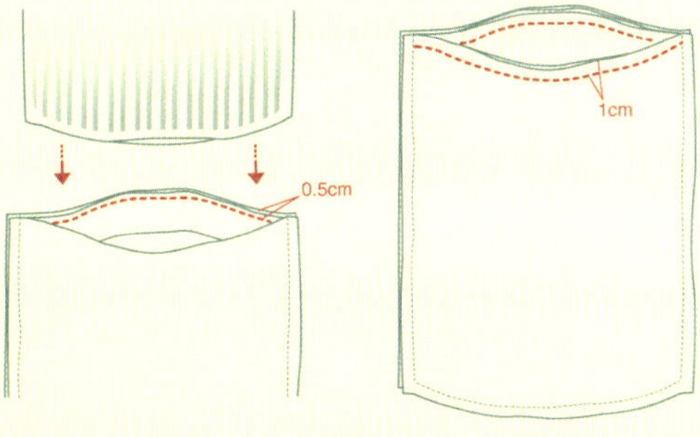

기내세트 2. 수면안대

재단하기

겉감 A ×1장(시접분 없이 원하는 크기로 재단), 안감 B ×1장, 접착솜, 고무줄, 바이어스 테이프

1 심지 붙이기 겉감 안쪽에 접착솜을 붙인다.

2 겉과 안, 고무줄 연결하기 겉감과 안감을 안끼리 맞대어 0.5cm 시접을 남기고 둘레를 박고
   양쪽 가운데에 고무줄을 단다.

3 바이어스하기 안감 쪽에서부터 바이어스를 돌려 박고 겉감 쪽에서 마무리한다.
   고무줄을 바깥쪽으로 꺾어 한 번 더 고정한다.

기내세트 3. 덧신 슬리퍼

재단하기

겉감 A ×2장, 겉감 A-1 ×2장, 안감 B ×2장, 안감 B-1 ×2장

1 심지 붙이기 겉감 A와 A-1의 안쪽에 시접분을 남기고 접착솜을 붙인다.

2 발등 만들기 겉감 A와 안감 B를 겉끼리 맞대고 입구 쪽만 1cm 시접을 두고 박은 다음
그림과 같이 가름솔로 펼쳐 놓고 뒤꿈치를 박음질로 연결한다.
겉면이 나오게 뒤집어서 아랫부분을 박는다.

3 연결하기 2에서 만든 발등 부분을 안감 B-1 발바닥 겉에 올려 놓고
0.5cm 시접을 두고 박은 후 다시 그 위에 겉감 A-1 원단이 위로 보이게 고정한 후
창구멍을 남기고 1cm 시접을 두고 박은 후 창구멍으로 뒤집고 공그르기로 마무리한다.

재단하기

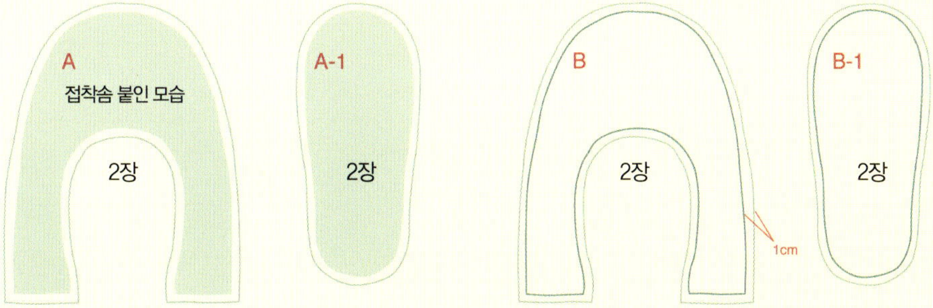

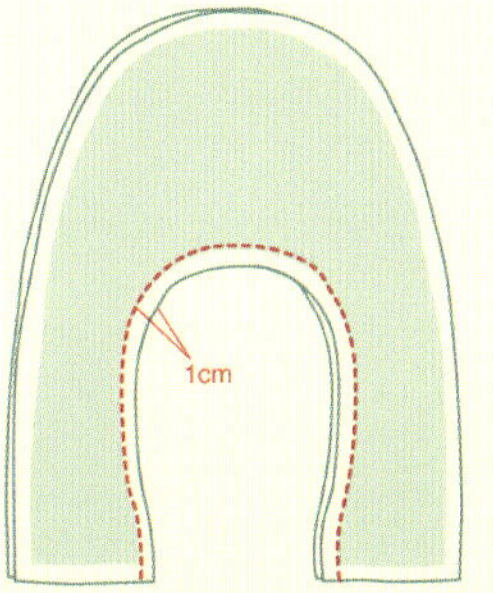

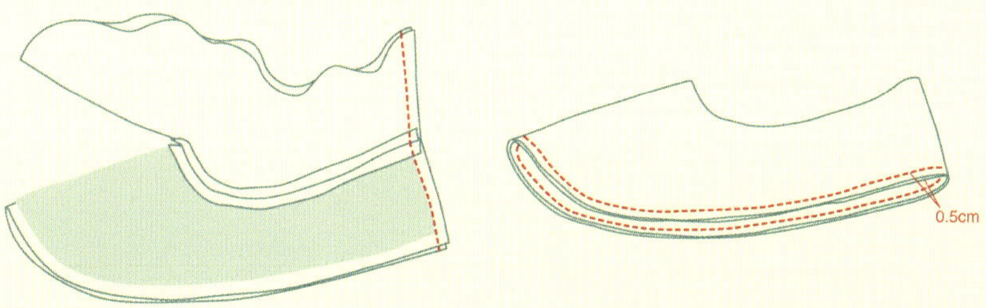

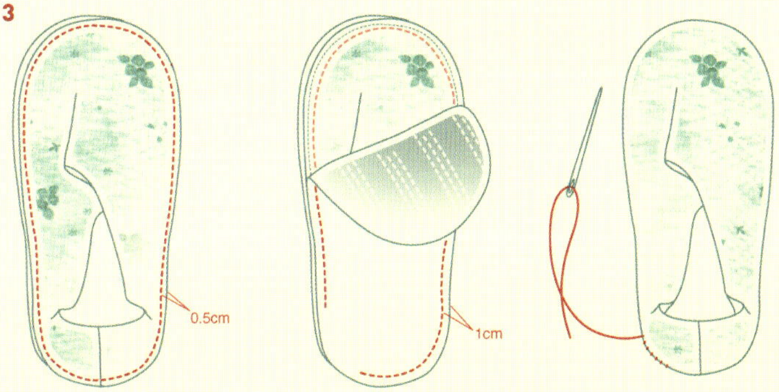

다이어리 가방

재단하기

겉감 A ×2장(각각 다른 조각 6장씩 연결), 안감 B ×2장, 접착솜, 레이스 36cm, 단추

1 겉감 조각 잇기 겉감 A 조각들을 여섯 장씩 이은 뒤 레이스를 올려 박고 안쪽에 접착솜을 붙인다.
뒷판은 레이스 없이 같은 방법으로 만든다.

2 겉감 안감 만들기 겉감을 겉끼리 맞대고 입구를 제외한 옆과 아래를 박는다.
안감도 창구멍을 남기고 같은 방법으로 만든다.

3 연결하기 겉감과 안감이 겉끼리 맞대게 넣고 입구 둘레를 박은 뒤
창구멍으로 뒤집고 공그르기로 막는다. 입구 부분은 눌러 박는다.

4 단추 달기 똑딱이 가죽 장식을 달아 완성한다.

재단하기

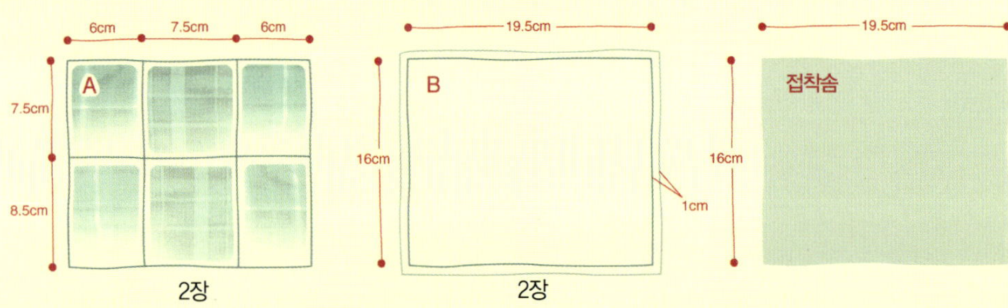

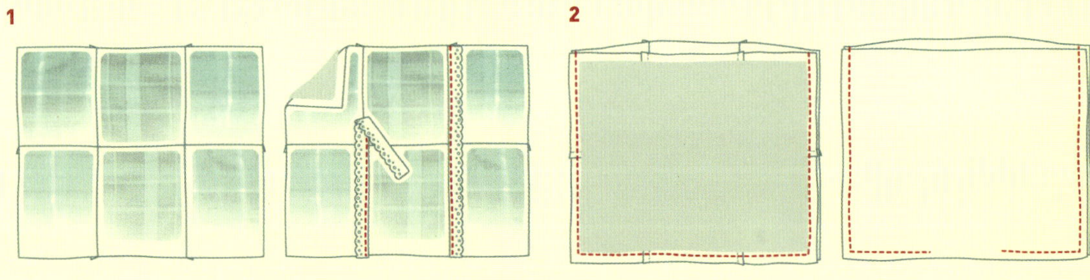

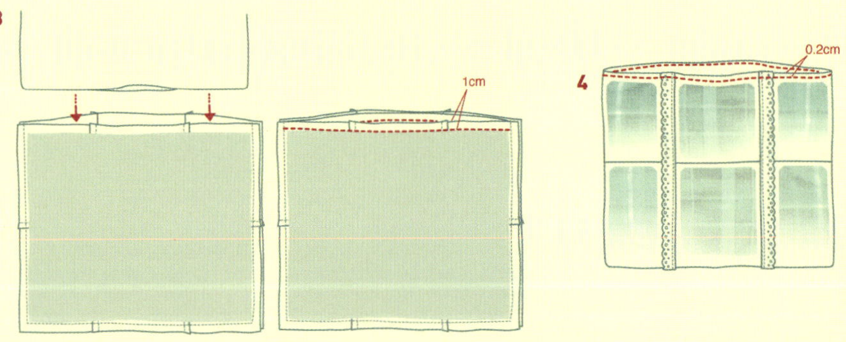

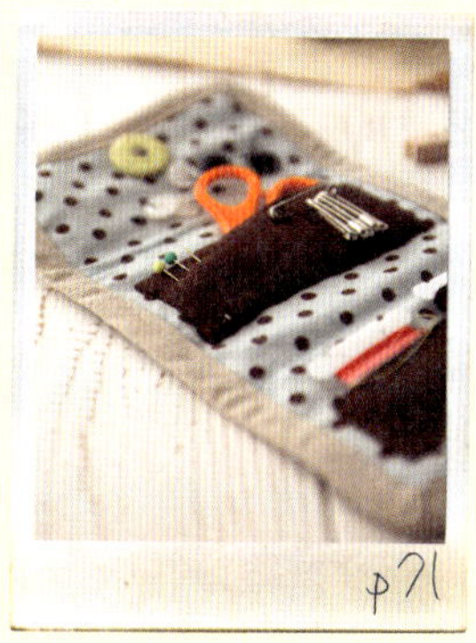

휴대용 반짇고리

재단하기

겉감 A ×1장, 안감 B ×1장, 주머니 C ×1장, 주머니 D ×2장, 접착솜
바이어스 테이프 70cm, 똑딱단추

1 **주머니 달기** C의 긴 한 면은 시접을 접어 박고 나머지 세 면은 시접을 접어 다린다. 주머니 D는 두 장을 겉끼리 맞대고 접착솜을 붙인 뒤 창구멍을 남기고 둘레를 박은 다음 뒤집어 공그르기로 정리한다. 안감 B에 C는 박음질하고 D는 공그르기로 고정한다.

2 **몸판 만들기** 겉감 A와 접착솜, 안감 B를 순서대로 올리고 가운데를 두 줄 박아서 고정하고 몸판 가장자리를 바이어스 처리한다.

3 **단추 달기** 똑딱 단추를 달아 완성한다.

재단하기

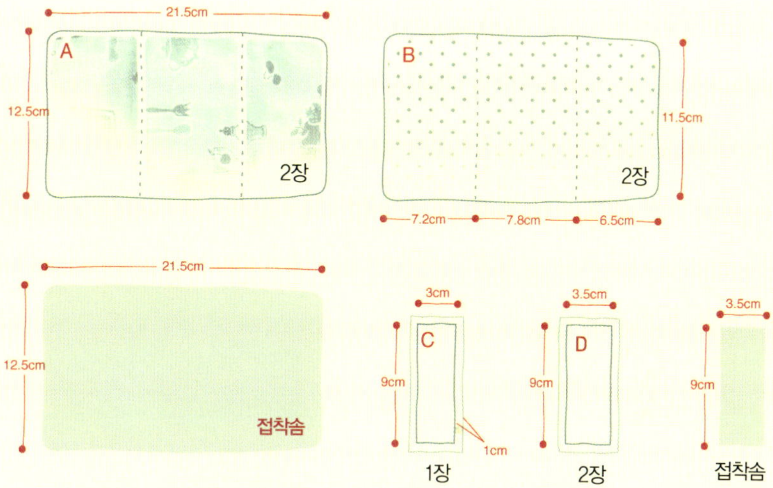

1
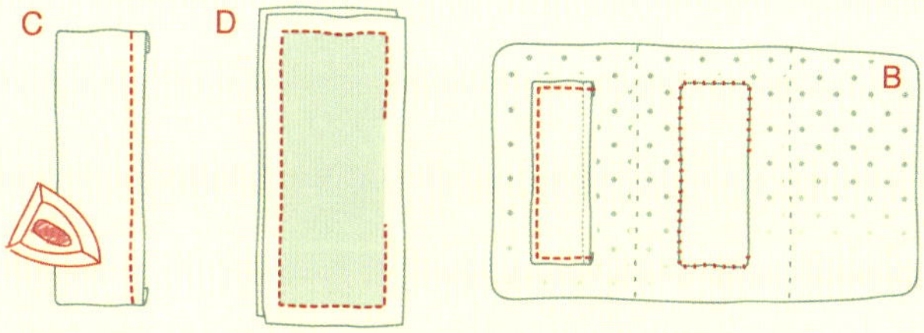

2
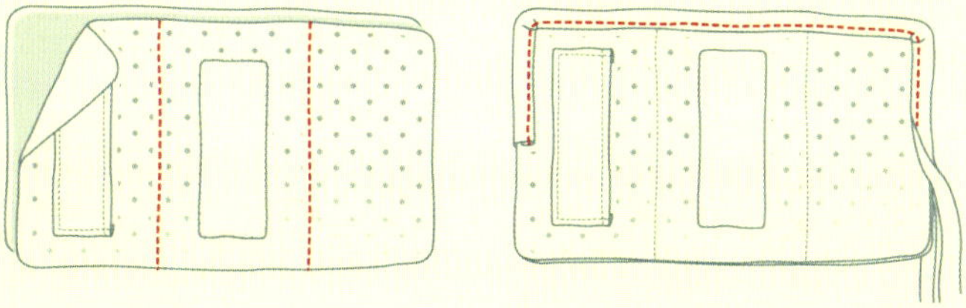

3
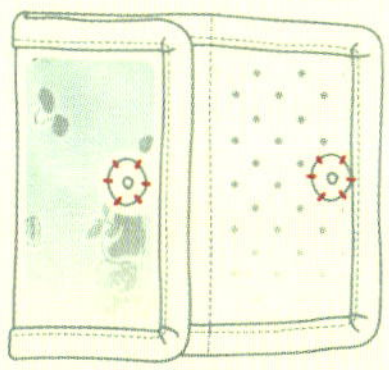

에펠탑 파우치

재단하기
겉감 A ×2장, 겉감 B ×2장, 안감 C ×2장, 끈 50cm ×2

1 겉감 잇기 겉감 A와 B를 겉끼리 맞대고 박은 후 펴서 눌러 박는다.

2 겉과 안 만들기 겉감을 겉끼리 맞대고 옆면 위쪽에 4cm를 남기고 옆과 아래를 박은 후
시접을 가른다. 남겨놓은 4cm 부분은 ㄷ자 모양으로 박는다.
안감도 같은 모양으로 만드는데 창구멍을 남긴다.

3 모서리 접기 겉감과 안감 각각, 양쪽 아랫부분 모서리를 삼각형으로 접고 5cm 길이로 박는다.

4 겉과 안 연결하기 안감을 뒤집어 겉감 속으로 겉과 겉을 맞대고 넣은 후
입구를 1cm 시접을 남기고 박는다. 창구멍으로 뒤집은 후 공그르기로 막는다.

5 끈 구멍 만들기 입구를 1.5cm 간격을 남기고 박은 후 양쪽에서 끈을 넣어 마무리한다.

재단하기

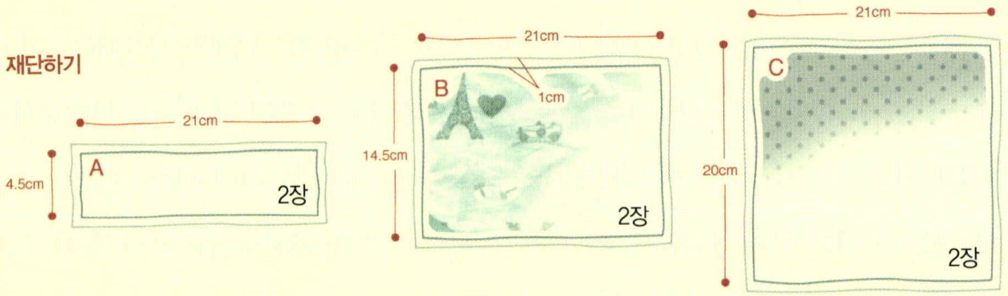

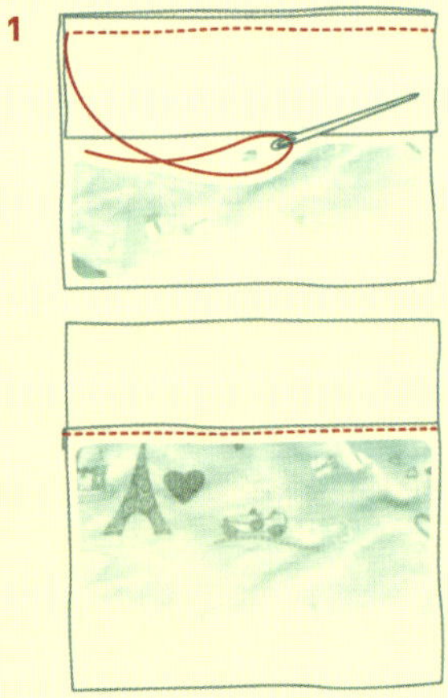

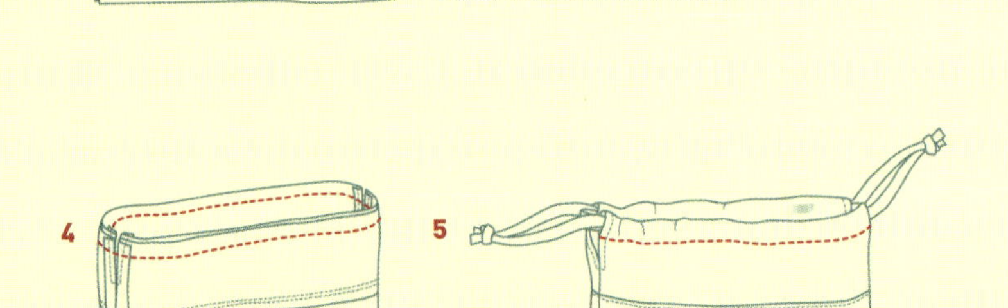

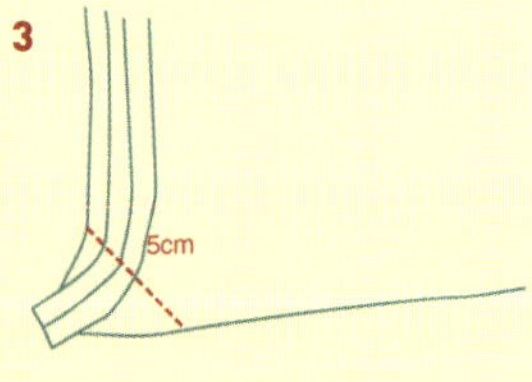

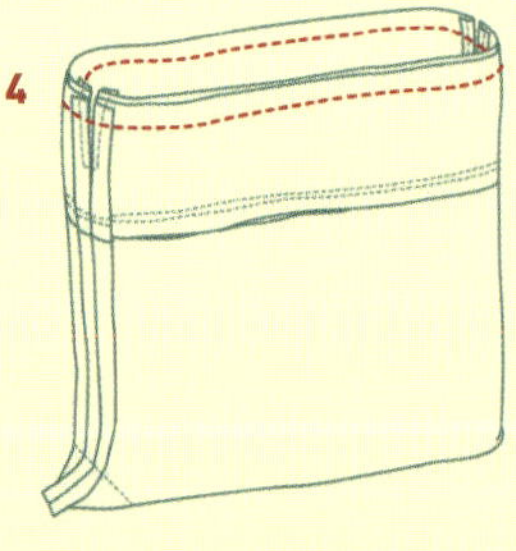

에펠탑 삼각필통

재단하기

겉감 A ×2장, 겉감 B-1 ×2장, 겉감 B ×1장, 안감 C ×2장, 안감 D ×2장, 안감 D-1 ×1장, 고리용 끈, 지퍼

1 몸통 만들기 겉감 B 두 장의 한 쪽씩을 1cm로 접어 지퍼를 달고 겉감 B-1을 아래쪽에 대고 겉에서 박는다. 안감 D와 D-1도 지퍼 없이 같은 방법으로 만든다.

2 삼각형 붙이기 겉감과 안감 각각 옆면에 삼각형 A와 C를 대고 바깥쪽에서 박는다.

3 연결하기 안감의 겉면이 나오게 뒤집어서 안끼리 맞대게 겉감을 넣어 고리를 달고 안감과 지퍼부분을 공그르기 한다. 겉감이 나오게 뒤집으면 완성.

재단하기

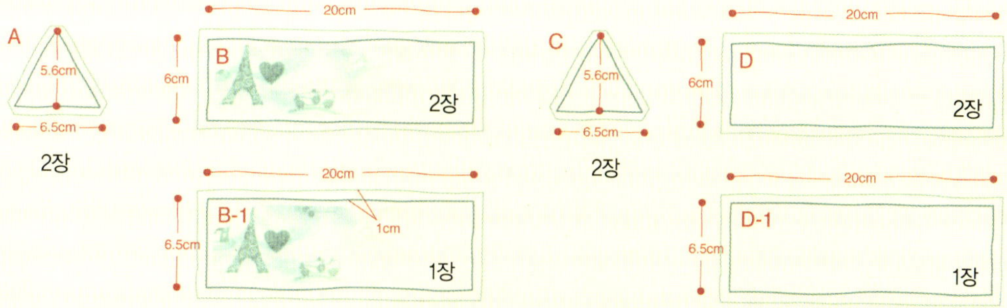

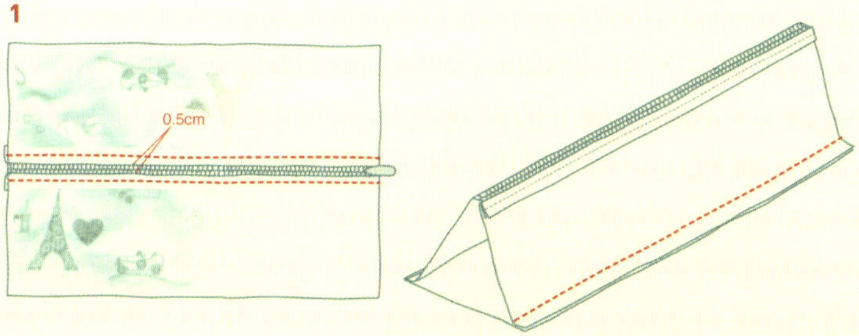

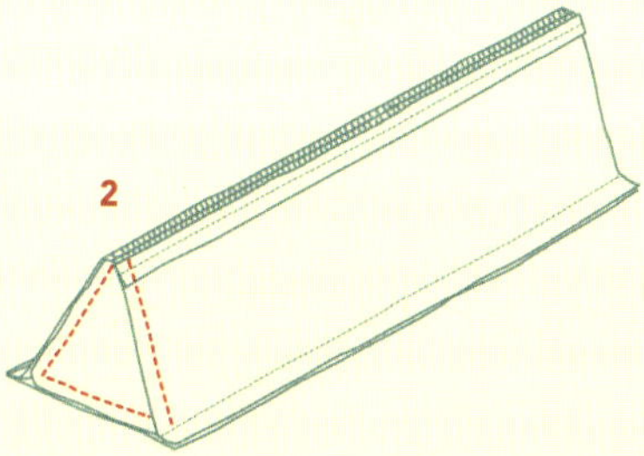

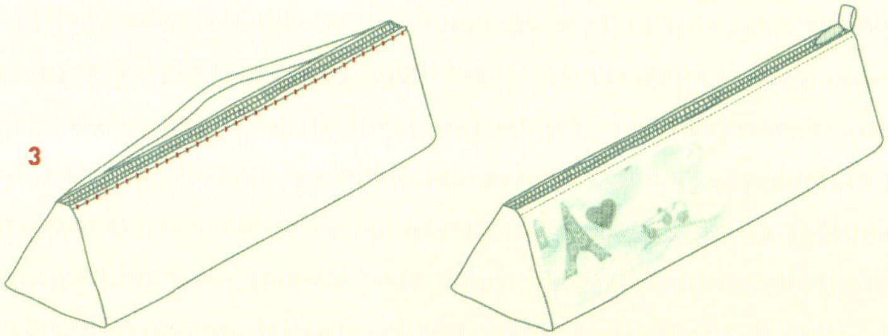

Kitchen Series

흉내내기

흉내내기 **1인용 식탁매트, 컵받침**
필요가 실력을 향상시킨다 **양면 티코지**
현모양처＋커리어우먼＝슈퍼우먼 **주방장갑**
대충, 어림잡아, 적당히… 엄마 흉내내기 **하프 앞치마와 모던 발매트**

흉내내기

나는 당당히 말한다.
"나는 웃기다! 헤~."
내 입으로 이런 얘기를 하기엔 그야말로 웃기는 소리지만
난 스스로 꽤 유머감각이 있는 편이라고 생각한다.
무엇보다 난 나의 유머감각을 키우기 위해 노력한다는 사실!

지금 세상을 살면서 필요한 건
외모? 지식? Oh, No~!
필요한 건 바로 유머감각!
입사를 앞둔 신입사원도, 큰 회사를 운영하는 사장님, 회장님도,
그리고 대통령 선거에서도 꼭 필요한 건 유머!

그래서 난, 개그를 연구한다.
개그 프로그램의 유행어를 연습하고
모창과 성대모사도 연습한다.
일단 내가 재밌어서 하는 것이기 때문에
연습한다는 생각보다는 그냥 즐겁게 따라해 보는 거고
그렇게 연습하다 보면, 꽤 비슷하고 웃기다.
나만 웃기다고 생각하는 게 아니다.
주변 사람들에게 해 보면 반응도 꽤 좋으니까.
아, 안 비슷하면 어때! 그냥 같이 한바탕 웃는 거지, 뭐.

직업적인 습관인지, 관찰력은 좋은 편 같다.
보통 때도 누군가의 말투, 특징적인 행동, 이야기의 전개,
그런 포인트들을 잘 잡아내고 기억하는 편이다.
재미있는 이야기나 개그, 노래를 들어도
기억해 두고 무조건 따라해 본다.

같은 얘기도 감정을 실어서 재밌게 말해 보기.
안 비슷해도 굴하지 않고 꿋꿋하게 따라해 보기.

그렇다! 모든 것에는 노력이 필요한 법.
그 노력 역시 즐겁게 해 보는 것.
그리고, 크게 한번 웃는 것!
어렵지 않잖아?

좀 웃자!

까짓 거 그냥 좀 웃자!

1인용 식탁매트 How to make 114쪽
종이나 휴지를 많이 쓰는 대신 이렇게 식탁매트를 사용하여
조금은 자연을 사랑하는 마음을 가져보는 건 어떨까?
마음은 있는데 늘 실천하기가 힘들어 이걸 만들면서 나도 적극적이 되어보기로 했다.

컵받침 How to make 115쪽
차 한 잔을 마셔도 예쁜 컵받침과 함께 내놓으면,
어쩐지 차향이 더욱 그윽하게 느껴진다.
특히나 이 아이는 만들기가 너무나 간단해
여러 개 만들어 놓고 돌아가는 손님에게
하나씩 선물하면 더 좋을 듯.
차향과 함께 나누던 이야기와 모든 것이
좋은 추억으로 더 오래 기억에 남지 않을까?

 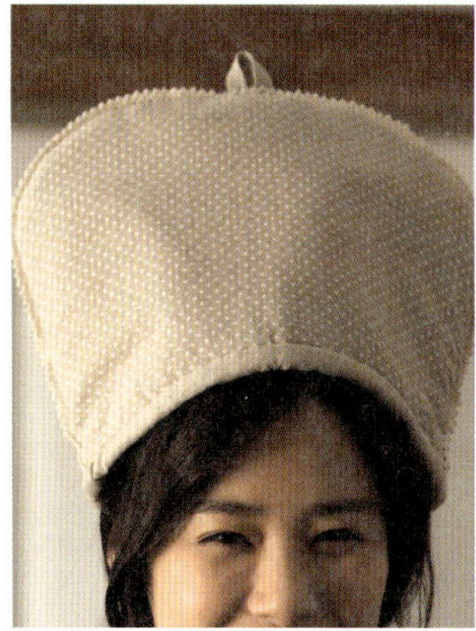 

필요가 실력을 향상시킨다

여자의 조건,
그중에 하나는 요리.
나는 과연 요리를 잘하는 여자일까?

뭐, 꽤 하는 것 같기도 하다.
주변에서 맛있다고들 하니까.

그래도 내가 아주 여성스럽게 이것저것 음식을 만들어 내는,
요리가 특기인 여자는 아니다.

평소에도 요리를 하곤 했지만
특히, 영국에서 혼자가 되었을 때
바로 눈앞에 닥친 일은 바로, 먹. 는. 것.
사람이 먹어야 살지 않겠어?

한국에서 준비해 간 쌀로 밥을 짓고
그 쌀이 떨어지면 삼사십 분 걸리는 차이나타운에 가서 쌀을 사왔다.
영국 부엌에 전기밥솥이 있을 리가.
큰 냄비에 밥을 지었다.
흰쌀밥 대신 잡곡밥으로. 왜? 건강에 좋으니까~!
갖고 간 혼합 잡곡이 떨어져 사러 갔더니,
다 따로따로 팔더라고.
어, 콩 여기 있네~!
음. 밥 다 짓고 열어 보니 빠알간 밥이 되어 있다.
콩인 줄 알고 팥을 산 거다.
울 엄마 아시면 그래가지고 시집이나 가겠냐며,
그런 것은 기본으로 알고 있어야 하는 거라고 또……
에효~.
나만의 밥 만들기!

햇반 만들어 놓고 무척 뿌듯함.

생일에 친구가 해 준 생일상.

밥을 짓고, 같은 크기로 뭉쳐 모양을 만든 다음,
하나하나 랩으로 싸서 냉동실에 보관.
냉동실에 나란히 줄지어 있는 밥을 보니 마음까지 뿌듯했다.
밥보다 더 뿌듯했던 건 누룽지~
건조시켜 냉동실에 넣어 두었다가 입맛 없는 날은 누룽지를 끓여 먹었지. 그 구수함이란……

자, 그 다음,
사람이 밥만 먹고 살겠어?
반찬이 있어야지!
한국에서 김치와 밑반찬은 좀 아니, 많이 챙겨 갔지만
그래도 몇 달을 버틸 순 없다.
집 앞 마트에 가서 음식 재료를 샀다.
어? 근데 나 좀 봐.
유기농 야채와 과일만 가득. 인스턴트는 없다.
제 몸은 꽤 생각하네!

한국에서 음식들을 챙겨올 때도

인스턴트식품들은 거의 넣지 않았다.

카레도 가루로 준비했으니까.

평소에 별로 좋아하지 않아서이기도 하지만

인스턴트식품으로 대충 때우기보다는

직접 해 먹을 생각이었기 때문이다.

그럴 듯한 레시피를 챙겨간 것도 아니니

그냥 마음에 드는 재료를 사서,

내키는 대로, 내 방식대로 음식을 만들어 보고

어디선가 맛보았던 음식들을 흉내 내 보았다.

사 온 재료들을 손질하고,

손질한 재료들을 정리해서 담아 두고,

그리고 그 재료들을 하나씩 꺼내 요리를 한다.

이 모든 것들이 하루하루 자연스럽게 이어졌다.

나 지금 요리해~.

나 요리하는 여자야~.

이런 꾸밈이나 괜히 의식할 것 없이

그냥 평범하게, 자연스럽게,

음식을 만들고, 그릇에 담고, 그리고 맛있게 먹는다.

안 그러면 굶어 죽으니까……

매일 매일 잘 챙겨 먹었고, 참 맛있게 먹었다.
친구들이 놀러 왔을 때도
일부러 거하게 따로 차리지 않아도
다함께 맛있고 건강한 식사를 즐길 수 있었다.
거 봐, 해 보기 전엔 모르는 거잖아.
내가 못하는지 잘하는지 알 수 없는 거잖아.
요리가 뭐 특별해야 해?
그냥, 자연스럽게 만들고 맛있게 먹으면 되는 거지!

그것이 바로 나의 요리,
나의 살림법.

살림이나 부엌에는 별 관심이 없지만

부엌의 '여자놀이' 도 한번 흉내 내 보지 뭐.

맛있게 먹고, 깨끗하게 닦고, 예쁘게 꾸미는 것.

필요한 게 있다면, 내가 직접 만들어 보지 뭐.

해 보기 전엔, 아직 모르니까.

나한테 맞는 걸 사는 것보단 만드는 게 더 좋으니까.

양면 티코지 How to make 116쪽
한참 이야기꽃이 필 때쯤 찻잔은 비어가고
헤어질 시간이 다가옴을 알리듯 차는 식어간다.
아쉬운 마음을 잡아 줄 그 차 한 잔.
차가 식어가는 시간을 조금 붙들어 본다.

HyunJoo • 102

같은 얘기도 감정을 실어서 재밌게 말해 보기.

안 비슷해도 굴하지 않고 꿋꿋하게 따라해 보기.

그렇다! 모든 것에는 노력이 필요한 법.

그 노력 역시 즐겁게 해 보는 것.

그리고, 크게 한번 웃는 것!

어렵지 않잖아?

좀 웃자!

까짓 거 그냥 좀 웃자!

현모양처 + 커리어우먼 = 슈퍼우먼

너만 바라봐 주는 여자이길 바래?
네게 조금 소홀하더라도 내 일을 열심히 하는 여자이길 바래?

이런 질문을 받으면,
남자들은 대부분 선뜻 대답하지 못한다.
결국, 나만 바라보지만
자기 할 일은 똑 부러지게 하는 여자를 원하는 거겠지.

남자가 일을 할 땐 방해받기 싫어하면서
여자가 일을 할 땐 그 일 자체를 하찮게 여기며
자기에겐 소홀하게 대한다고 투덜거린다.

그래서 여자들은 이 두 가지 미션을 껴안고 살아간다.
어느 한 쪽만을 택할 수도 없고
모든 것을 요구받는 우리 시대의 여성.

엄마이고, 아내이고, 싹싹한 부하직원이면서 믿을만한 상사.
이 버라이어티한 무게가 여자들을 누른다.

나 역시 이 두 가지 미션 속에서
매번 고민하고 매번 버거워하며 살아간다.

내가 '여성'을 대표할 만한 여자는 아니지만
이 '여성'에 대한 압박에 대해서는 나도 좀 말하고 싶다.

누구나 모든 것을 다 잘할 수는 없다.

각자 잘하는 분야가 있기 마련이고

부족하더라도 노력해 나가려고 애쓰며 산다.

일하는 여자.
살림하는 여자.
세상은 여자를 이 두 가지로 분류하고
이 두 가지 모두를 요구한다.

집에서 살림하는 여자.
음식도 잘하고 빨래도 잘하고 청소도 잘하는 여자를 원하면서도
이 모든 것을 너무나 잘하는 여자를
살림 '만' 하는 여자, 살림 '밖에' 못하는 여자라고 말해 버린다.

한번 해 보라지.
얼마나 어려운데.
얼마나 힘든데.
얼마나 아름답고 고귀한 일인데!

그런데 여자들조차도 은연중에 이런 생각을 가지고 있는 것 같다.

너무 여자답거나 여성성이 강조되면
괜히 쑥스럽고 손발이 오그라들 것 같은 느낌.
그런 모습을 내보이면 왠지 약해지는 기분.
괜히 후퇴하는 기분.
예쁘기보단 멋지고 싶은 마음.
완전, 쿨~ 하고 싶은 마음.

그렇다면, 난 여자야? 남자야?
난, 여자다.
여자는 여자다.

지금, 이 책을 읽고 있는 당신,
당신이 여자라면,
어디에서 어떤 일을 하든
좀 더 자랑스럽게! 좀 더 당당하게!
그리고 그런 자신을
좀 더 칭찬해 주었으면 좋겠다.
'여자' 라는 이유만으로도
충분히 그러할만 하니까.

주방장갑 How to make 117쪽

장갑처럼 생기지 않은 장갑.
사실 나는 이 아일 잘 쓰지 않는다.
대충 행주로 잡거나, 긴팔 옷을 입고 있다면 소매를 쭉 당겨 와 사용.
그러나 열이 금방 스며 들어와 식탁에 거의 슬라이딩으로 내려놓기 일쑤다.
안 쏟으면 다행. 그래도 간편하니까.
그런데 오븐을 사용하다 보면 요게 확실히 필요하다.
예열한다고 불낼 뻔 했던 적이 있는 나는 겁이 나 오븐을 잘 사용하지 않지만
이 놈을 만들고 나니 예쁘게 쿠키를 구워 쏙 꺼내고 싶은 생각이 든다.
근데 쿠키는 어떻게 굽는 거지?
이 놈 때문에 쿠키도 배우게 됐군.

대충,
어림잡아,
적당히…
엄마 흉내 내기

현주   엄마, 압력밥솥에는 밥 어떻게 하는 거야?
엄마   음, 쌀 안치고, 달그락달그락 하면 불 꺼.

엥~!

현주   그게, 언제 달그락달그락 하는데?
엄마   끓으면.
현주   끓으면 달그락달그락, 그 담엔 불을 끈다? 그럼 김은 언제 빼?
엄마   불 끄고.
현주   그럼, 불 끄고 바로 빼?
엄마   에이, 아니지~.
현주   그럼 얼마나?
엄마   한 호흡 길게 쉬시더니 휴, 현주야,
      그렇게 이론적으로 들어오면 설명하기가 그래.
      불 끄고 그게 뜸 들이는 거야. 그리고 김을 빼!

말끝이 좀 세다. 서로가 답답하기 시작한다.

현주   그러니까 몇 부우운~?
엄마   시간이, 그게, 대충 한 3분?
현주   그럼 달그락달그락은 몇 분?
엄마   아까보다 더 센 호흡 휴~, 그러니까 그게 이론적으로 되는 게
      아니라니까는! 그것도 뭐, 어림잡아 한 3분? 해 보면 알게 돼.
      나도 그게 느낌으로 하는 거라…….

나도 그렇게 하면 엄마처럼 맛있게 될까?
힘은 빼고, 너무 머리 쓰지 않고,
그렇게 적당히 하다 보면
어느새 최고가 되어 있을까?

레시피 없이도 엄마는 많은 음식을 해 내신다.
그것도 아주 맛있게.
하지만 엄마도 처음엔 어설픈 주부였겠지?
처음부터 잘하는 사람은 없으니까.
부엌에서 허둥지둥 했을 엄마를 상상하니 어쩐지 용기가 생긴다.
그래도 좋은 엄마 흉내 내기는 어쩐지 아직 자신이 없다.

하프 앞치마

이 녀석만 두르면
왠지 뭐든 뚝딱 맛있는 요리를 해 낼 수 있을것 같다.
근데 사실 처음에는 잘못 만들어진 실패작이었다.
만들고 보니 엉덩이 부분이 오리 궁둥이처럼 너무 드러났기 때문.
뒷모습이 어떨지 신경 쓰지 않은 채 요리에만 집중하고 싶어
주름을 잡아 덧대어 주었더니
원래 계획했던 거보다 훨씬 예쁜 앞치마가 되었다.
위기를 기회로 삼은 결과다.
주머니 속에 쏙 들어가 있는 듯 조리기구 모양으로 수를 놓았더니
귀여움까지 더해져 기분을 좋아지게 하는 앞치마.
이 수는 시선을 끌어 배에 살짝 자신이 없는 사람에게는 최고!

모던 발매트 How to make 118쪽
뚝딱! 너무나 간단하지만, 크기랑 소재만 달리 해 주면
허전한 소파 앞이나 들어오는 현관 앞,
물이 흐를 수 있는 싱크대에 놔두면 제격!

1인용 식탁매트

재단하기

겉감 A ×1장, 안감 B ×1장, 포인트 원단, 접착솜

1 심지 붙이기 겉감 A 안쪽에 접착솜을 붙인다.

2 포인트 달기 포인트 그림을 오려 가위집을 내고 겉에서 안으로 접어 다린 후
  겉감 겉면에 아플리케 한다.

3 연결하기 겉감 A와 안감 B를 겉끼리 맞대어 창구멍을 남기고 박음질한 다음
  접착솜은 시접을 0.2cm만 남기고 잘라낸다.
  창구멍으로 뒤집은 후 공그르기로 막고 가장자리 네 면을 스티치 한다.

재단하기

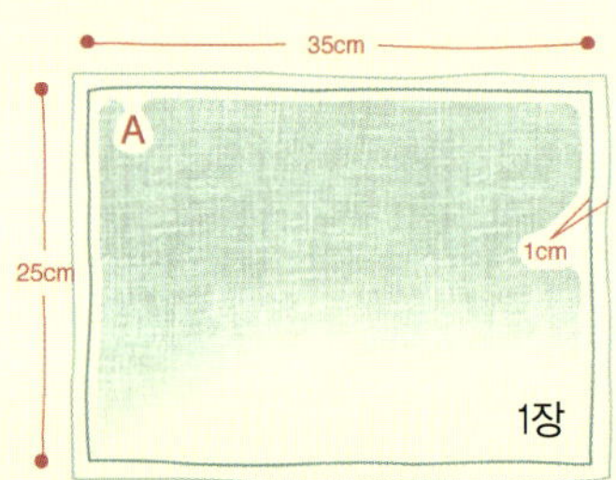

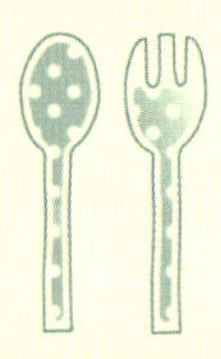

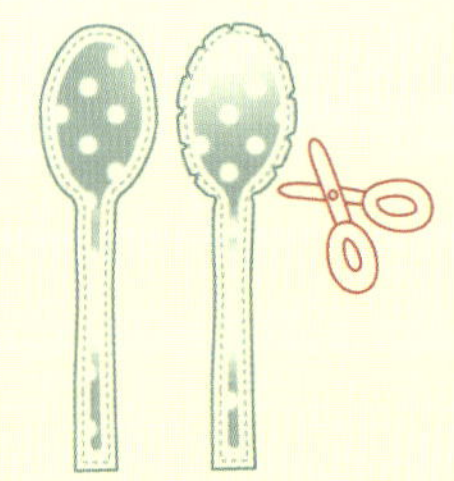

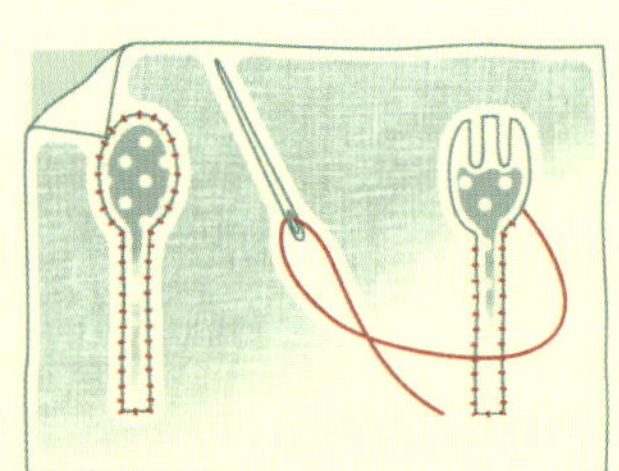

컵받침

재단하기

겉감 A ×1장, 안감 B ×1장, 접착솜

1 심지 붙이기 안감 B 안쪽에 접착솜을 붙인다.

2 둘레 박기 겉감 A와 안감 B를 겉끼리 맞대어 창구멍을 남기고 둘레를 박는다.

3 완성하기 창구멍으로 뒤집어 공그르기로 막는다.

재단하기

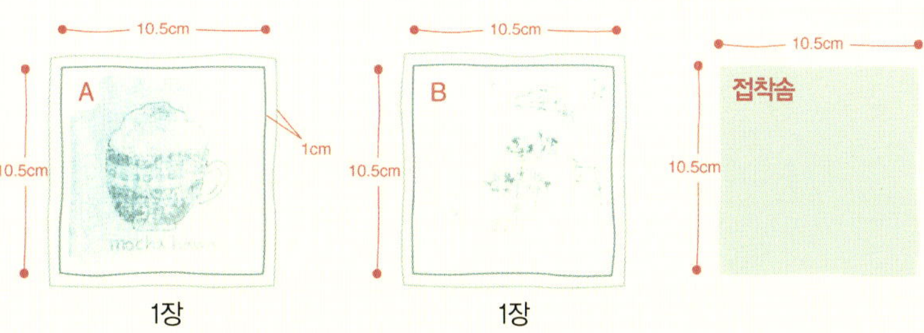

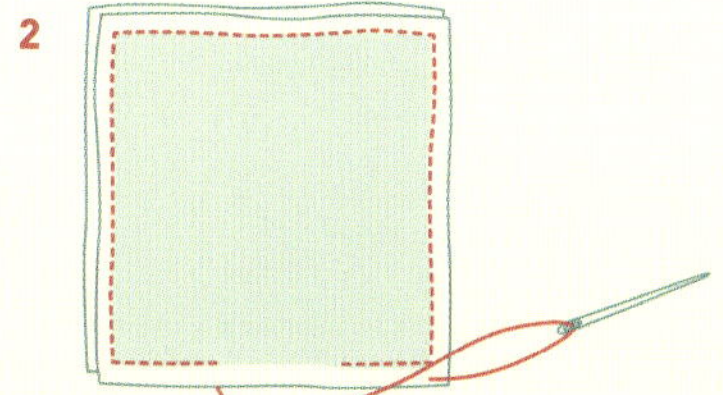

양면 티워머

재단하기

겉감 A ×2장(아래쪽에 시접을 두지 않음), 안감 B ×2장, 접착솜, 끈 8cm ×2장,
레이스 100cm, 바이스 테이프 70cm

1 심지 붙이기 겉감 두 장에 재단선에 맞춰 접착심지를 붙인다. 안감 두 장엔 접착솜을 붙인다.

2 레이스와 끈 달기 겉감 한 장의 겉면 위에 끈을 단 후 가장자리에 레이스를 달고
 겉감을 겉끼리 맞대고 입구를 제외한 반원 모양을 0.5cm 시접을 두고 박는다.
 안감도 레이스 없이 끈만 달아 같은 모양으로 만든다.

3 연결하기 겉감과 안감의 안끼리 맞대어 놓고 1cm 시접을 두고 박는다.

4 바이어스하기 겉면이 나오게 뒤집은 다음 입구 전체를 바이어스 처리한다.

재단하기

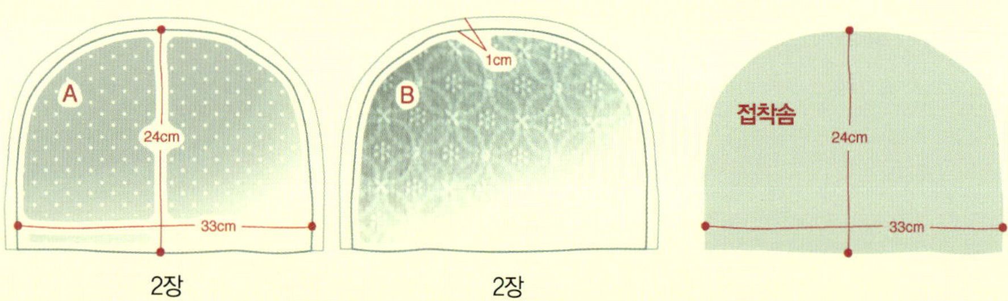

1

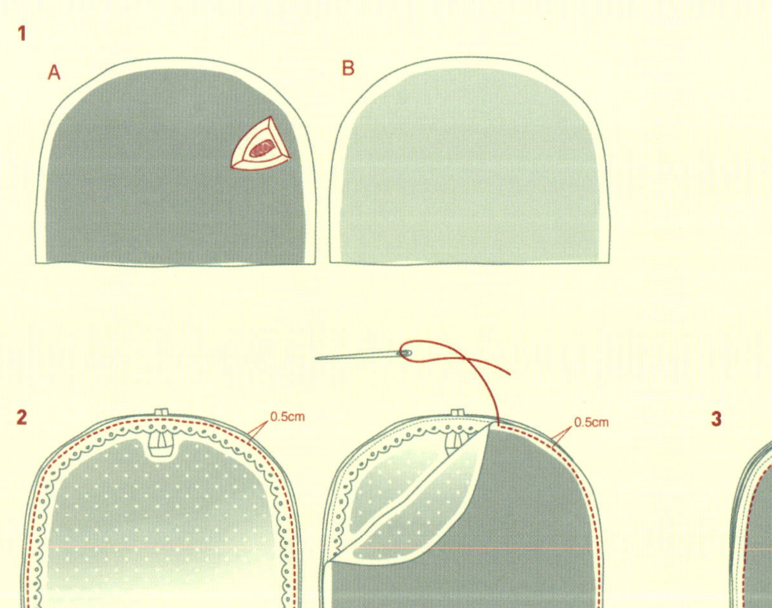

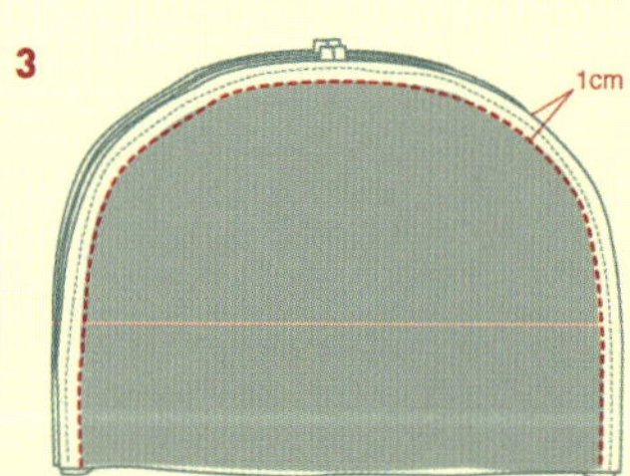

주방장갑

재단하기

겉감 A ×2장, 손싸개 겉감 B ×4장, 접착솜 두꺼운 것, 바이어스 테이프 24cm, 끈 8cm

1 심지 붙이기 겉감 한 장에 시접분을 남기고 두꺼운 접착솜을 붙인다.

2 자수 넣기 접착솜을 붙인 겉면에 원하는 모양의 자수를 넣는다.

3 손싸개 만들기 손싸개 부분 겉감 B 두 장을 안끼리 맞대게 겹쳐서 직선 부분만 바이어스 처리한다.
같은 모양으로 두 세트를 만든다.

4 연결하기 겉감 A와 두 장의 손싸개 부분을 겉끼리 맞대게 놓고 가운데에 끈을 고정하여
0.5cm 시접을 남기고 둘레를 박는다. 남은 겉감 한 장을 안감이 위로 보이게 올려
창구멍을 남기고 1cm 시접을 두어 둘레를 박은 후 뒤집어 공그르기로 마무리한다.

재단하기

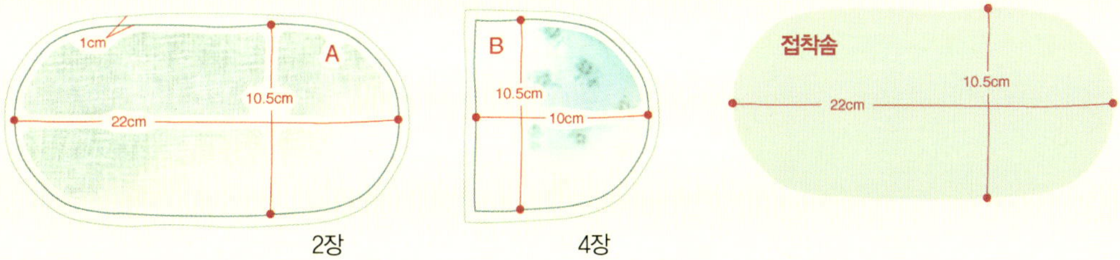

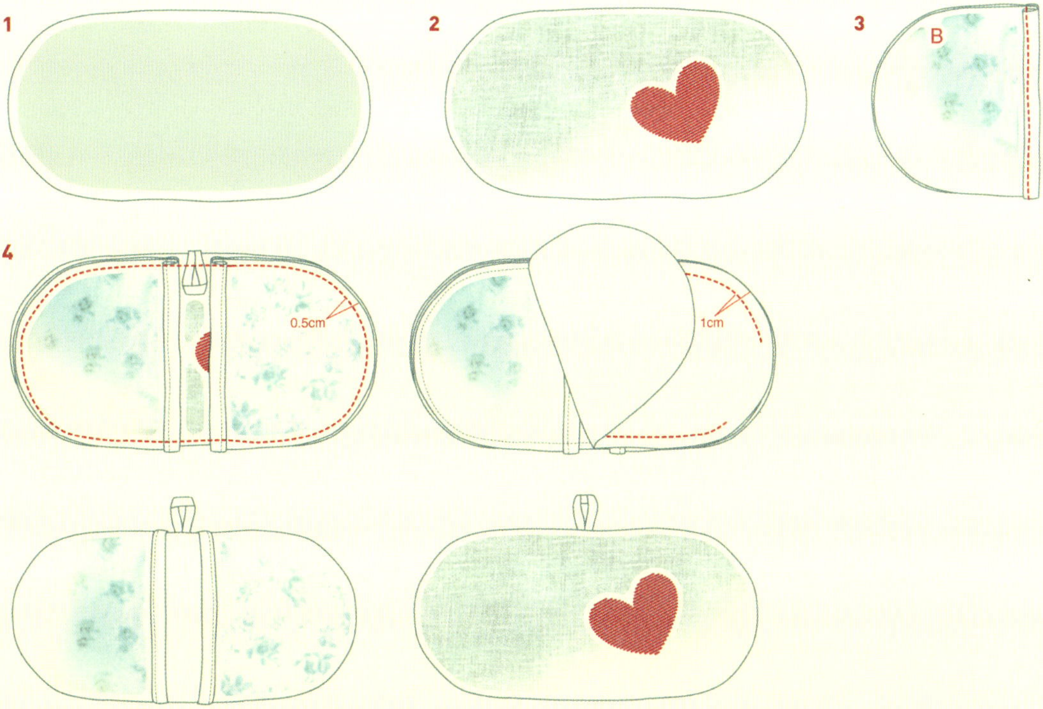

모던 발매트

재단하기

겉감 A ×1장, 안감 B ×1장, 접착솜

1 심지 붙이기 안감 B 안쪽에 접착솜을 붙인다.

2 둘레 박기 겉감 A와 안감 B를 겉끼리 맞대어 창구멍을 남기고 둘레를 박는다.

3 완성하기 창구멍으로 뒤집어 공그리기로 막는다.

재단하기

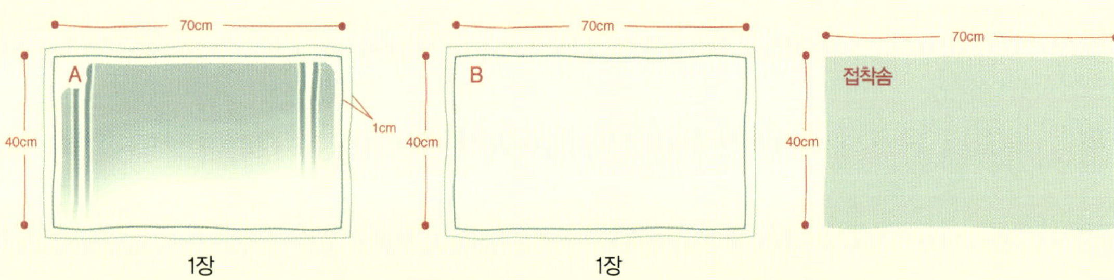

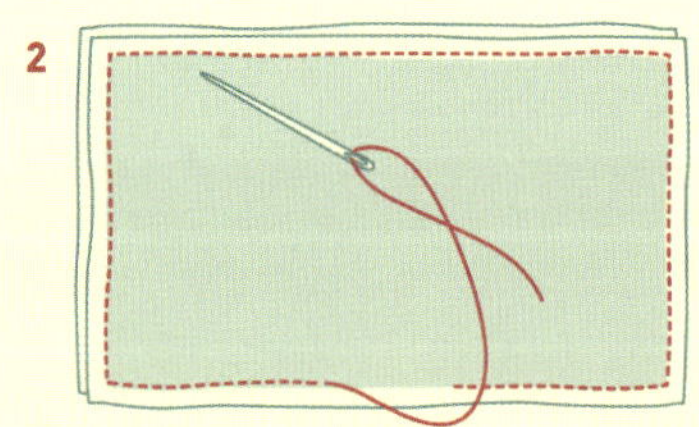

사랑을 하면 달라지는 것 **커플 워머**

엄마표 스웨터 **엄마표 스웨터**

세상을 바꾸는 힘 **조카 스웨터와 조끼**

하지 못한 채 **목도리**

그 사람을 사랑할 수밖에 없는 나, 나를 사랑할 수밖에 없는 그대 **내 스웨터와 흰색 블랙 뜨개 가방**

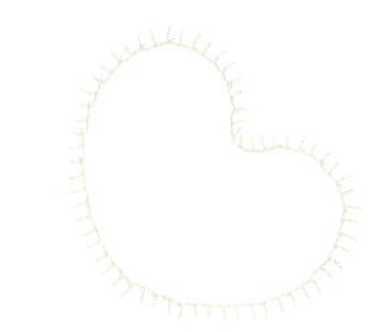

사랑을 하면 달라지는 것

사랑을 하면 달라지는 것.
여자 친구들 사이에선 욕먹을 말투,
같은 여자들에겐 재수 없는 행동.

어디서 귀여운 척이야?
어디서 혀 짧은 소리야?

그렇게 여자들 사이에서 용납할 수 없는 말과 행동들을
나도 모르게, 자연스럽게 하고 있는 자신을 발견했을 때!

어머? 나 왜 이래?
어머? 나도 이런 거 되는구나.
부끄럽고 창피하지만 그래도 사랑스러운 나.

까짓 거 욕할 테면 욕해라!
난, 사랑에 빠졌으니까, 유후~!
예쁜 척, 약한 척, 귀여운 척.

욕하는 건 싱글의 특권.

그리고 누리는 건 사랑하는 자의 특권!

커플 워머 How to make 146쪽
겨울을 가장 좋아하는 나.
춥지만 두툼한 옷에서 따스하고 푸근함이 느껴져서 좋다.
사랑하는 사람이 곁에 있다면 더 따뜻한 겨울이 되겠지?
사랑하는 사람과 내가 만든 워머를 함께 착용한다면
더할 나위 없이 따스할 거다.
하지만 혼자라고 해도 이 녀석만 있으면 추운 겨울도 두렵지 않다.
직접 손뜨개하면 기성 제품보다 훨씬 따뜻하기 때문에
옆구리 시림을 조금은 보완할 수 있다.

엄마표 스웨터

"감독님, 이거요, 저희 엄마가 만들어 주신 거예요~!"
힘이 한껏 들어간 나의 목소리.
"아이구, 어머니가 솜씨가 좋으시네."
"예쁘다~. 여기에 잘 어울리는데?"
사람들의 반응과 시선에 한껏 우쭐해지는 나.

「덕이」라는 드라마를 찍을 때였다.
드라마를 찍기 훨씬 전에 엄마가 만들어 주신 스웨터가 하나 있었다.
어렸을 때, 자주는 아니어도 멜빵바지며 이것저것 떠 주시고는 했는데.
자식들이 다 커 심심해서셨을까,
옛 추억에 오랜만에 젖어 보고 싶어서셨을까.
엄마의 사랑만큼 큼직한 스웨터를 뜨신 거다.
그런데 어쩐지 요즘 스타일도 아니고
칼라도 내 취향이 아니라 입기를 망설였고
그렇게 묵히는 게 엄마에게 미안한 마음이 들 그때.

시대극인 「덕이」는 의상을 구하기가 여간 힘든 것이 아니었다.
겨울옷이 마땅치 않아 고민하던 우리에게
엄마의 손뜨개 스웨터는 그야말로 '딱' 이었다.
그 옷을 입고선 추운 겨울 산속 촬영도 무사히 넘길 수 있었고
캐릭터에도 힘이 실렸다.

나는 추억이 실려 있는 옷들을 버리지 않고 모아 둔다.
첫 데이트 때 입었던 원피스.
한창 나에게 작업하던 그 남자,
자기가 제일 아끼는 옷이라며 내가 간직해 주면 좋겠다고. 뭐야~?
그런데 그것도 추억이라고, 여전히 간직하고 있다.

드라마 때 입었던 의상 몇 별도 여전히 옷장에 있는데
그중 가장 으뜸이 바로 이 스웨터이다.

내가 초등학생 때쯤인가,
엄마가 잠깐 한복을 배우신 적이 있다.
어느 날은 종이에 그린 저고리 옷본을 가져 오셨는데
그게 어찌나 신기하고 예쁘던지
인형 옷처럼 한참을 가지고 놀았더랬다.
내가 바느질에 관심을 갖게 된 건 그때쯤이 아닐까?
난 엄마를 닮은 거다.
아니다. 난 외할머니를 닮았다.
바느질 삼매경에 빠져있을 때 이모가 말씀하셨다.
어린애가 어째 바느질이냐며, 외할머니 솜씨를 닮았나 보다고.
그렇게 외할머니는 바느질 솜씨를 내게, 그리고 엄마에게 물려 주시고
이모에게는 전~혀 물려 주지 않으셨다.
셋이서 나눌 뻔 했는데, 잘 됐다!
한 번도 뵌 적 없는 외할머니 솜씨를 닮았다니.

외할머닌 엄마랑 나만 더 많이 사랑하시나 봐.

아니다.
이모는 더 많이 사랑하셔서 일찍이 곁으로 데려 가셨다.
우리에게도 조금 더 사랑할 시간을 주시지.
재능 물려주심엔 아낌없으시면서 야속한 외할머니.

나도 이 다음에 딸이 생긴다면

그 딸이 나처럼 바느질을 즐긴다면

나를 닮은 모습에 사랑스러울까?

아니면 울 엄마처럼 늘 혀 차는 소리일까?

아이고, 여보세요!
일단 결혼을 하신 후에~!

세상을 바꾸는 힘

나에게는 네 살 어린 남동생이 있다.
요 녀석, 어렸을 때 어찌나 귀여웠는지. 내 동생이라 그런가?
동네 아이들이 나보고 언니라고 하니까 여섯 살까지 이 누나를 언니라고 부른 아이다.
말썽꾸러기여서 나한테 맞기도 참 많이 맞았는데.
어린애가 어린 동생을 뭘 그렇게 바른 교육을 시키겠다고, 참.
동생은 어릴 때라 기억이 안 날 테지만, 동생을 보면 늘 미안하다.
커서는 떨어져 살았고, 조금은 맘이 멀어진
아니 맘속에는 깊이 자리하지만 서로 표현이 멀어질 때쯤
이 녀석이 결혼을 했고,
어리고 귀엽기만 한 나의 동생이 아빠가 되었다.
그러니까, 나에게 조카가 생긴 거다!

첫 조카는 자기 자식보다 예쁘다고 하더니 요 녀석, 제 아빠보다 더 귀엽다.
앙증맞은 눈, 코, 입하며 눈에 넣어도 안 아프다느니,
눈앞에 아른거린다느니 이런 말들이 어디 쓰이는지 알게 해 주었다.
웃으면 나도 웃고, 울면 나도 짠하고. 고모를 아주 제 맘대로 다룬다.
눈이 어찌나 맑고 초롱한지, 이 눈으로 뭘 볼까?
예쁜 것들만 보고 자라기를.
요 자그마한 손으로 뭘 할까?
남의 상처 어루만져 주기를.
예쁜 입으로는 사랑의 노래만 부르기를.

바라는 게 참 많아진다.
우리도 그렇게 키우셨겠지. 그렇게 자랐겠지. 아이를 보며 나를 본다.

나는 아이들이 참 좋다.
여자라서 어쩔 수 없는 모성애 때문일까?
아이들을 보고 있으면 도무지 찡그릴 수가 없다.
목도 못 가누는 아기가 울다가도 내 품에서 울음을 그치면
나를 그 어떤 것도 해 낼 수 있는 사람으로 만들어 놓는다.
그러다 눈 한번 마주쳐 주고 웃음이라도 던져 주는 날에는
꺄! 해 냈어! 만세를 부르다 아이를 놓칠 판이다.

어떤 멋진 남자의 프러포즈가 이보다 달콤할까?
어떤 시인의 시가 이보다 감동적일까?
나를 흔드는 아이들의 웃음소리.
나를 바꾸는 아이들의 표정.
나를 바꾸고…… 나를 바꾸고……
그렇게 세상을 바꾸는 힘이다.

조카 스웨터와 조끼
너무 귀여운 조카를 위해 떠 준 스웨터와 조끼.
스웨터는 주머니에 살짝 주름을 넣어 주었더니
단순한 디자인을 피할 수 있었다.
큰 거만 뜨다가 작은 거를 떠 보니 술술 올라가는 것이 너무 재밌었고
입혀 보니 너무 잘 어울려서 기분이 더 좋아졌다.
이제는 커서 동생에게 물려 줘야 하지만.
곧 새로운 걸 떠 주어야지.
조카를 사랑하는 고모의 마음을 엮고 엮고 엮어서.

딱히 기억나는 추억도 없다면

그 사랑은 불쌍하다.

그렇다면 우리는 추억을 붙잡고 있기 위해

의미 담겨 있는 모든 것들을 간직한 채이어야 할까?

아니면, 내 마음과 함께 떠나보내야 하는 걸까?

추억이 많은 미련한 사람일 것인가?

추억도 없는 불쌍한 사람일 것인가?

어떤 사람이 될지는 사랑을 해 보기 전엔 모르는 거겠지.

그래, 중요한 건

난 사랑을 했었고

지금도 사랑을 기다리고 있다는 것.

하지 못한 채

할 말을 다 하지 못 했죠.

사랑에 아쉬움에 마음이 무거워

담아 놓은 말들로 비워 보려 하지만

그조차도 바람에 사라질까 두려워

맘에도 없이 내가 먼저 돌아섰던 그날 밤.

그것이 우리의 이별이 되었던 그날 밤.

밤하늘 별처럼 새겨진 말들로

그대를 잡아 보고 싶지만

차가운 시선에, 돌아선 뒷모습에

다시 또 참아내죠.

목도리 How to make 147쪽
실 자체에 다른 색이 오묘하게 섞여 있어서
한 가지 실로 해도 쉽게 싫증나지 않는다.
또 이렇게 무늬를 넣어 주면 뜨는 동안에도 지루하지 않다.
목도리 하나만 뜨면 이 무늬에는 도가 트이게 된다.
길게, 또 두툼하게 하는 게 예쁘므로
'이거 너무 긴 거 아니야?' 라는 생각이 들 때까지
하염없이 떠 보자.

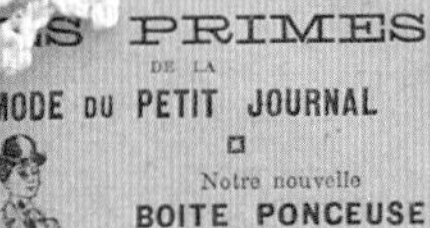

La Mode du Petit Journal

S PRIMES
DE LA
MODE DU PETIT JOURNAL

Notre nouvelle
BOITE PONCEUSE

est tout à fait différente de l'ancienne; elle contient: une perforeuse, une molette, une pierre ponce, une poncette en feutre, un carré de drap, un papier à piquer, une boite de poudre à poncer et une

SURPRISE AGRÉABLE :

Une planche de broderie imprimée sur un carré de batiste.

COMPLET

VESTON
eviotte noire u bleue.
28 f. franco.
me p' cadet :
26 f. franco.
23 du 10 juin ous le n° 22.)

TOILETTE
ÉLÉGANTE
pour demoiselle d'honneur.

Jupe en côte de cheval grise, garnie de biais en taffetas mauve. Corsage-boléro ouvert sur

TRÈS JOLIE
TOILETTE DE MARIÉE
en beau satin blanc.

Jupe à traine et corsage drapé orné d'un devant en mousseline de soie gaufré et de revers soulignés de mousseline de soie brodée.

PRIX : 85 fr. franco.

(Voir le n° 26 du 1er juillet 1900, sous le n° 3.)

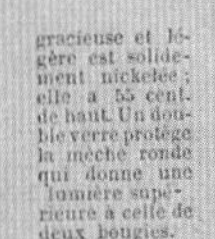

Photophore
A PÉTROLE
(lampe de jardin)

d'un genre très nouveau et fort pratique, qui permet de circuler, d'aller et de venir dans les appartements et

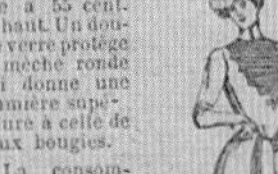

MANNEQUINS

Buste de fillette	8 fr. 60
Buste	9 fr. 60
Demi-jupe	12 fr. 75

SUR MESURES

Buste	18 fr.
Demi-jupe	24 fr.

gracieuse et légère est solidement nickelée ; elle a 55 cent. de haut. Un double verre protège la mèche ronde qui donne une lumière supérieure à celle de deux bougies.

La consommation de pétro-

bert, un autre en broderie Richelieu, un troisième en broderie anglaise avec angle fleuri, et enfin un quatrième pour être brodé au plumetis avec semé de marguerites dans un feston et orné d'une jolie branche dans le coin.

On verra également, au milieu du carré de batiste, TROIS SUPERBES ALPHABETS pour mouchoirs et service de table.

La plus grande attraction de cette jolie planche de broderie est :

Le monogramme de chaque lectrice. La planche de broderie porte, en effet, le chiffre enlacé de la personne qui nous fait la commande. Ce monogramme se compose de deux lettres ; nous recommandons à nos lectrices de nous indiquer *bien exactement leurs initiales* en faisant leur commande.

PRIX de la boite complète
2 fr. 10
franco.

La planche de

ROBE DE MARIÉE
en serge.

Jupe à traine et corsage drapé garni d'une berthe en dentelle piquée d'un noeud.

PRIX : 32 fr. franco.

(Voir le n° 26 du 1er juillet 1900, sous le n° 2).

Le tissu nécessaire à la confection de cette robe en beau lainage dit « Nid d'abeilles » est envoyé à toutes nos lectrices contre la somme de 6 fr. 75.

Pour le recevoir franco en gare française, prière d'ajou-

TABLIER-PRIME
en batiste imprimée pour dame et jeune fille.
PRIX : 3 fr. 90
franco.
(V. n° 30 du 29 juillet 1900, sous le n° 21.)

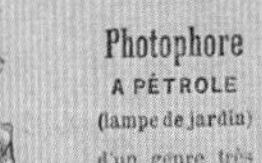

COMPLET
JAQUETTE
en cheviotte noire ou bleue.
PRIX : 34 fr.
franco.
(Voir le n° 23 du 10 juin 1900, sous le n° 23.)

Le tissu nécessaire à la confection de cette robe en beau granité toutes teintes et pure laine est envoyé à toutes nos lectrices contre la somme de :
13 fr. 75.

Cette coupe d'étoffe est accompagnée de deux patrons grandeur naturelle : jupe et corsage

OFFERTS GRATUITEMENT

그 사람을 사랑할 수 밖에 없는 나,

나를 사랑할 수 밖에 없는 그대

나 없이는 안 되는 걸 알면서도 모질게 떠나가네요.
웃음만 주겠다던 그 약속을
그대는 내가 돌아서던 그 순간에도
눈물보단 슬픈 웃음으로 지켜내죠.

시작도 힘들게 아픔뿐이었는데

이제야 힘들게 그대를 사랑하고 싶어지는데

내 맘에 들이려고 하는데.

이해해 달라고 하지 않아요.
용서도 바라지 않아요.
내가 다시 그에게 돌아가듯
언젠가는 그대에게 돌아올 수 있다는 기대로 살지 말아 줘요.
매일 매일이 괴로움일 뿐이더라도
내가 당신을 만나 잃은 웃음을 찾아갔듯
언젠가 당신도 그런 사람을 만나게 될 거예요.
그럼, 나처럼 오랜 시간 망설이지 말고

사랑하기를……

나를 잊기를……

그리움이나 후회

그런 것들 속에 끄적거리던 어느 밤 나의 일기.

사랑을 했겠지?

달콤했었고, 무엇과도 비교할 수 없는 벅찬 마음으로.

풍선에 바람 빠지듯, 이리쿵저리쿵 정신없는 나날들로.

하지만 결과가 어느 쪽이든 상처와 아픔으로 돌아섰겠지.

그리고…… 추억?

딱히 기억나는 추억이 없다면

그 사랑은 불쌍하다.

그렇다면, 우리는 추억을 붙잡고 있기 위해

의미 담겨 있는 모든 것들을 간직한 채이어야 할까?

아니면, 내 마음과 함께 떠나보내야 하는 걸까?

추억이 많은 미련한 사람일 것인가?

추억도 없는 불쌍한 사람일 것인가?

어떤 사람이 될지는 사랑을 해 보기 전엔 모르는 거겠지.

그래, 중요한 건

난 사랑을 했었고

지금도 사랑을 기다리고 있다는 것.

어마어마한 시간을 투자하여 짠 스웨터.
드라마 「상도」를 찍을 때였다.
주로 지방에서 촬영을 하고
유독 기다리는 시간이 길었던 작품이었다.
스웨터 하나는 꼭 해 보고 싶어서
지방에 오고가는 시간을 이용해 도전해 보기로 했다.
지방에서 며칠 만에 올라오면 집보다도
집 근처 있었던 뜨개방으로 먼저 달려가
막힌 부분을 물어 보고
머리는 여전히 쪽을 튼 채 동네 언니들과 앉아
수다와 함께 뜨개질을 하곤 했다.
그때 참 재밌었는데……
그때 함께 한 언니들은 다들 뭐하며 지내려나?
아마도 나처럼 여전히 뜨개질을 하고 있겠지.
하여튼 그렇게 열심히 했는데도
너무 무리하게 넣은 무늬 때문에
그 해에는 완성하지 못했다.
그대로 포기해 버릴 줄 알았는데
그 다음해 찬바람이 불기 시작하니 다시 손이 근질근질.
하지만 다시 시작하려니 눈앞은 캄캄.
결국 나는 해 냈고
다시는! 두 번 다시는! 하지 않으리라 맘 먹었다.
그런데 요즈음 말이지…
다시 무리한 도전을 해 보고 싶어지니 이거 어쩐다?
나에게 오기와 끈기가 남아 있는지 확인해 보고 싶은가 보다.
하고 싶음 하는 거지 뭐~!

흰색 블랙 뜨개 가방
남은 실을 정리하다가 버리기에는 아깝고
이것들을 어디다 쓰면 좋을까 궁리 끝에
큰 쓰레기통에 씌워 빨래통으로 쓰면 좋겠다는 생각.
그런데 그냥 들어도 괜찮은 가방이 되었다.
남은 실로 뜬 거 같지 않지?
우리 엄마는 버릴 거는 좀 버리라고 늘 잔소리이시지만
봐봐! 놔두면 다 쓸데가 있다니까.
내 방을 지저분하게 만드는 것들은 다 의미 있게 쓰일 것들이라고.
기다려 주자.
지금은 비록 자투리 천에 무엇을 만들기에는 부족한 남은 실에 불과하지만
언젠가는 멋진 아이로 다시 태어날 테니.
기다려야지. 부족한 나, 누군가 한사람에게 의미있는 사람이 될 때까지…….

커플워머 66코/90단

1 8mm 대바늘로 시작코를 66코 잡는다.

(변형 고무뜨기는 3코가 한 무늬이므로 3회 배수로 코를 잡는 게 좋다.)

2 안뜨기 방향에서 실을 안쪽으로 해서 뜨지 않고 한 코 빼고 2코를 한꺼번에 겉뜨기로 뜬다.

(변형 고무뜨기 방식)

3 시작단과 끝단을 이어주어 링 형태로 만들어 완성한다.

목도리 33코/381단

1 7mm 대바늘로 시작코를 33코 잡는다.

2 메리야쓰 뜨기로 4단까지 뜬다.

3 5단째에 겉뜨기로 3코를 뜬 후 3코 오른코 교차뜨기를 5번 한다.

4 6, 7, 8단은 메리야스 뜨기를 한다.

5 9단째에 3코 왼코 교차뜨기를 5번 하고 겉뜨기를 3번 한다.

6 3번에서 5번 과정을 377단까지 반복한다.

7 378단부터 4단을 메리야쓰 뜨기를 하고 마무리한다.

8 목도리 끝 부분에 40cm길이의 털실묶음을 반 접어 술을 만들어 달아 완성한다.

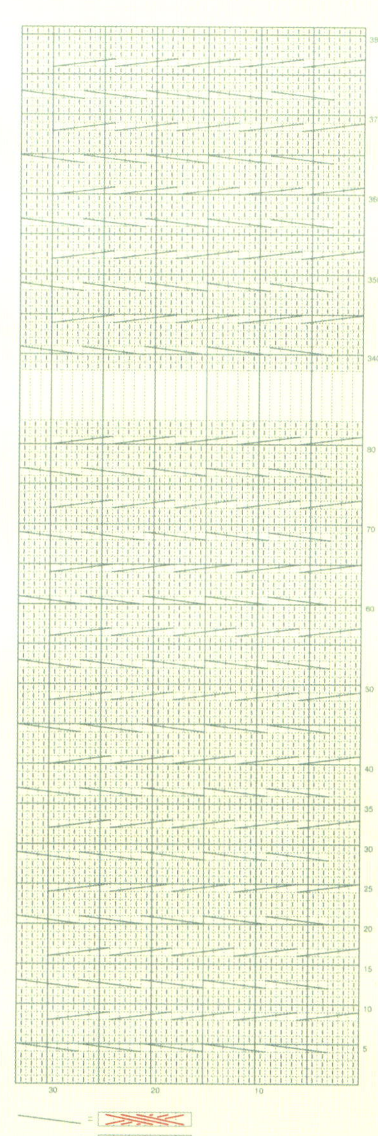

가리기

가리기와 보여주기 **와인커버**
겉과 속, 앞과 뒤 **북커버, 화장지커버**
감싸기 **장갑과 모자**
훔쳐보기 **커튼**

가리기와 보여주기

보여 주는 모습만 보여 주고
가리고 싶은 모습은 숨긴다.

타인에게 좋은 모습을 보여 주고 싶으니까.
내 부끄러운 모습을 감추고 싶으니까.

그런데, '배우' 라는 직업을 갖게 되면
이런 것들이 괜히 확대되어진다.
뭐야? 신비주의야?

딱히 감추려고 한 것도 아니고
숨어 있었던 것도 아닌데
단지 노출이 안 되었을 뿐인데도
왜 사생활을 공개하지 않느냐 물어 온다.

왜 예능 프로그램에 나오지 않고
왜 패션쇼와 이벤트에 참석하지 않느냐고.
도대체 뭘 하냐고.

내가 뭘 했냐고?

자아, 김현주의 사생활 대 공개! 짜잔!

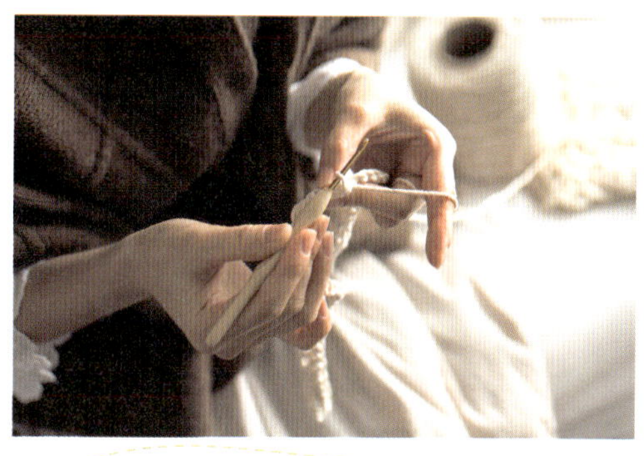

난.
바느질을 했다.
내게 숨겨진 부분이 있었다면
그건 바로 이 책에서 보여 준 바느질이다.

어디까지 보여 줘야 할까.

이미 나의 프로필과 자료들이 여기저기 공개되어 있고
그중엔 심지어 내가 모르는 나에 대한 것들도 있다.

그러니 나만이 알고 싶은 것들.
온전히 내 것인 것.
나도 만들고 싶지. 왜 안 그렇겠어?
아무도 넘볼 수 없는.
방해받고 싶지 않은.

누구나 그렇다.

혼자만의 시간, 혼자만의 공간.

너무 외로워서 사람들 속에 끼어 있고 싶지만

그렇게 사람들 속에 있는 순간에도

혼자만의 시간을 원하게 된다.

모처럼 쉬는 날

제발 누가 말 좀 안 걸어 줬으면 싶을 때 없어?

나 화난 거 아니야.

나 혼자만 생각하고 싶어.

그런 날이 있어.

나의 날.

안 되겠어.

나만의 데이를 만들어야지.

한 달에 한 번씩, '현주데이'!

와인커버

지인께서 이런 말씀을 하신 적이 있다.

우리는 와인 앞에서 작아진다고.

그렇다. 와인을 좋아하는 사람들이 참 많다. 나도 와인을 좋아한다.

그러나…… 좀 어렵다. 와인 잔이 있어야 하고 이렇게 저렇게 잡아야 하고

입맛에 맞는 와인 하나 발견해도 읽기 힘들고

외우기도 여간 어려운 것이 아니다.

그냥 비싸면 좋은 거겠지 생각하지만, 꼭 그런 것은 아니다.

오늘 마셨던 맛있는 와인도 다음에 마시면 별로일 수 있다.

무슨 와인인 게 중요한 게 아니라,

누구와 어떻게 마셨는지가 더 중요한 거 아닐까?

와인 레이블을 과감히 가려 보자.

와인을 잘 아는 사람이든, 모르는 사람이든 와인 앞에 평등할 수 있게.

앞에 마주 앉은 사람에게만 신경 쓸 수 있도록 말이다.

겉과 속, 앞과 뒤

사람에게는 누구나
겉과 속, 그리고 앞과 뒤라는 상반된 모습이 있다.

겉과 앞. 사람들의 관심 속에 드러나 보이는 부분.
속과 뒤. 사람들의 관심 밖에 숨겨져 있는 부분.

하지만 보이지 않는다고, 드러나지 않는다고 해서
없는 것이 아니다.
중요하지 않은 것도 절대 아니다.

작품을 만들 때도, 디자인을 하고 마름질을 할 때
겉으로 보이지 않는 부분까지 꼼꼼하게 계산해서
만들지 않으면 안 된다.
그리고 이렇게 안으로 들어가는 부분이 있어야
제대로 된 작품이 만들어질 수 있다.

드러나지 않는 부분.
안으로 접혀 들어가고, 열어 보지 않으면 보이지 않는 부분에
나는 신경을 많이 쓴다.
안감, 가방 속, 뒷부분, 그 안에 자리 잡은 지퍼 같은 것들.
안쪽을 더 꼼꼼히 만들어야지, 늘 생각한다.
그리고 내 자신도.

사람들의 시선이 머물지 않는 부분.
그렇게 사람들의 관심을 받지 못하는 외로움.
하지만 분명 내 안에 존재하는 소중한 부분.

그렇게 속이 튼튼한 사람이 되고 싶다.

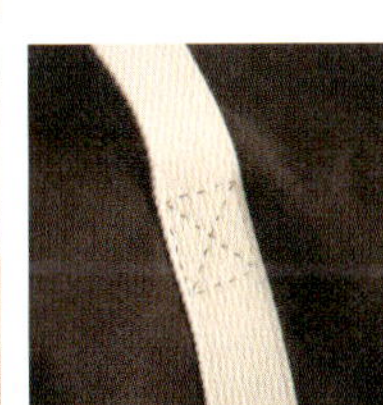

북커버, 화장지커버 How to make 167, 168쪽
나는 항상 무언가를 만들 때 무슨 원단을 어떻게 쓸지 구상하는데 제일 많은 시간을 소모한다.
어울리는 원단을 결정하는 일은 그리 쉬운 일이 아니다.
자칫 촌스러워지기 십상이니. 그럴 땐 이렇게 패턴 그대로를 이용해 보자.
뭘 더하지 않아도 그 자체만으로도 충분히 매력적이다.
멋지게 꾸미고 싶은 날, 액세서리를 더하기보다 하나쯤은 포기하는 것.
그것이 훨씬 세련된 매력을 풍길 수 있다.

감싸기

'남의 험담을 하는 것.
말하는 사람보다 들어 주는 사람이 더 나쁘고
그보다 더 나쁜 사람은
그것을 다른 사람에게 전하는 사람이다.'

언젠가 이런 글을 본 적이 있다.

다른 사람의 험담을 하지 않으려고 노력하는 편이지만
누군가 다른 사람의 욕을 할 때는
귀를 쫑긋, 맞장구까지 쳐 주며 들어왔던 거 같다.
그리곤 막상 누군가 힘든 얘기를 할 때,
자신의 상처를 털어놓을 때,
나는 과연 그들의 이야기에 진짜 귀 기울였나 의문이 든다.

늘 좋은 사람이고 싶었는데
문득, 주변을 둘러보니 모든 것이 내 위주로 흘러가는 게 보였다.
나와 어울리는 장소, 나의 스케줄에 맞춘 약속들,
모든 사람이 내 얘기를 들어 주려고 애쓰는 기분.
어느 날 밤, 그걸 깨달았을 때,
발가벗은 듯 내 자신이 부끄러웠다.
나름대로 평범함과 소소한 행복을 느낄 줄 아는 사람으로 살려고 했는데.
그렇게 살고 있다고 생각했는데.
그것은 모두 착각이었다는 것을 알게 된 순간이 온 것이다.

남의 험담이나 비난에는 귀를 막고,
남의 상처를 들어줄 때는 귀를 열고.

앞으로는 말하는 사람보다 들어 주는 사람이 되고 싶다.

보이지 않게 필사적으로 가리는 것이 아니라
보호하기 위해서 포근하고 따뜻하게 감싸는 것.
그렇게 누군가의 상처를 조금이나마
감쌀 수 있는 사람이 되고 싶다.

장갑 How to make 169쪽
여자는 손발이 따뜻해야 한다는데. 나는 좀 찬 편이다.
그래서 겨울철 장갑은 필수.
손이 따뜻한 사람도 해마다 점점 추워지는 겨울에는 꼭 필요한 제품.
손이 따뜻해야 마음이 따뜻하다는 말을 한 번은 들어 봤다면,
그 말을 믿는 사람이라면 한 번쯤 시도해 보자.
그럼, 나는 마음이 차가운 사람? 에이~ 근거 없는 말이군.
누군가 나의 손을 슬며시 잡아왔을 때
따뜻하게 맞아 주는 사람이 되고 싶다.
차갑게 내치는 사람이 아닌,
한 번 잡아 보고는 또 한 번 내밀 수 있게 하는 사람이 되고 싶다.

모자

조카 옷 뜨고 남은 실로 내 모자를 떴다.
처음엔 조카를 주려고 했는데
아가를 위한 실은 아닌지라
직접 피부에 닿는 것이 좋지 않을 듯하여 내 모자로 전환.
그런데 다들 조카 것이냐고 묻는다.
그 이유는 작아서다.
내 머리가 작아서? 실이 모자라서?
아니다. 이 놈의 급한 성격 탓에 조금만 더 뜨면
훨씬 예뻤을 걸 그걸 못참고 마무리.
다음 모자는 넉넉한 마음으로
늘어지는 예쁜 모자를 떠야지.

HyunJoo • 162

쓸쓸하게 무대 위에 홀로 선 연극배우를 보는 느낌.

어두운 무대 위에서 핀 조명 하나만을 받고 서 있는 나는

내 실수를 채워 줄 상대 배우도 없이 혼자다.

그런 나 자신을 내가 관객이 되어 바라본다.

심지어 관객도 나 하나.

그렇게 혼자 애써서 연기하고 있는 모습을 보면

단 한 명뿐인 관객인 나는

조금이라도 더 들어주고 싶고, 좀 더 호응해 주고 싶고,

이 연극을 끝까지 마칠 수 있도록 힘이 되어 주고 싶어진다.

훔쳐보기

나를 좀 더 객관적으로 보고 싶을 때
나와 1 대 1로 마주하고 싶을 때
나는 'CCTV 시선'으로 나 자신을 바라본다.

CCTV 시선으로 스스로를 바라보면
객관적인 시선으로 볼 수 있고
안으로만 갇혀 있던 좁은 시야가 넓게 펼쳐져서 보이니까.
CCTV 시선의 특징.
정면은 보이진 않고 늘 뒷모습만 보인다.
CCTV는 항상 내 앞에서 찍지 않고
매번 저 멀리 어딘가에서 찍고 있다.

그래서, 항상 애잔하다. TV 화면에도, 사진에도 뒷모습은 잘 나오지 않는다.
그래서 사람들은 나의 정면, 웃는 모습만 보지만
쓸쓸한 내 뒷모습은 이 CCTV 시선을 통해서 나만 보는 것.
갈등과 고민을 등에 지고 고개 숙인 나의 뒷모습을 볼 때면
뭐라 표현하기 힘든 묘한 감정들이 다가온다.

쓸쓸하게 무대 위에 홀로 선
연극배우를 보는 느낌.
어두운 무대 위에서 핀
조명 하나만을 받고 서 있는 나는
내 실수를 채워 줄 상대 배우도 없이 혼자다.
그런 나 자신을 내가 관객이 되어 바라본다.
심지어 관객도 나 하나.
그렇게 혼자 애써서
연기하고 있는 모습을 보면
단 한 명뿐인 관객인 나는
조금이라도 더 들어주고 싶고,
좀 더 호응해 주고 싶고,
이 연극을 끝까지 마칠 수 있도록
힘이 되어 주고 싶어진다.

타인에게는 여유롭고 너그러운데 나 자신에게는 왜 그렇지 못하고 매정하기만 한 걸까?
다른 사람이 실수를 하면 괜찮아, 그럴 수도 있지 뭐, 위로해 주면서
내가 실수를 하면 모질게 스스로를 혼낸다.

하지만 가끔씩 이렇게, CCTV 시선으로 나를 바라보며
나는 쓸쓸한 배우임을 확인하고, 그런 내게 다가가고
그런 나의 유일한 관객이 되어 스스로를 응원한다.
인생이라는 긴 연극을 무사히 마칠 수 있도록.

커튼

보일 듯, 말 듯.
커튼이라 함은 본래 시선을 차단하고
빛을 조절하는 게 목적이지만
조금은 보일 듯 말 듯 아슬아슬하게,
또 빛이 여유로이 들어올 수 있도록 만들어 보기로 했다.
어쩐지 확실하게 차단한다는 것이
매정한 느낌이 들기도 하고.
커튼은 큰 맘 먹지 않으면 하기 어렵게 느껴지지만
간단한 방법으로도 충분히 커튼 구실을 한다.
보이기 싫은 수납공간이 있다면
끈을 달아 올려 묶어 놓을 수 있게 하면
훨씬 편리하게 사용할 수 있다.
이렇게 작은 것부터 시작하면
아주 큰 커튼도 쉽게 만들어진다.
처음부터 너무 욕심 부리지 말고, 하나씩 차근히.

북커버

재단하기

겉감 A ×1장, 안감 B ×1장, 접착솜, 단추, 단추끈

1 심지 붙이기 안감 안쪽에 양쪽으로 8cm를 남기고 접착솜을 붙인 후
접착솜 양쪽을 1cm를 남기고 박아 원단과 고정한다.

2 겉감과 안감 연결하기 겉감과 안감을 겉끼리 맞대고 양 옆면을 1cm 시접을 남기고 박아 고정한다.
박은 부분을 겉면 안쪽으로 7cm 밀어 넣어 접은 후 창구멍을 남기고
1cm 시접을 두어 윗면과 아랫면을 박는다.

3 마무리하기 창구멍으로 뒤집은 후 공그르기로 막고 단추와 단추끈을 단다.

재단하기

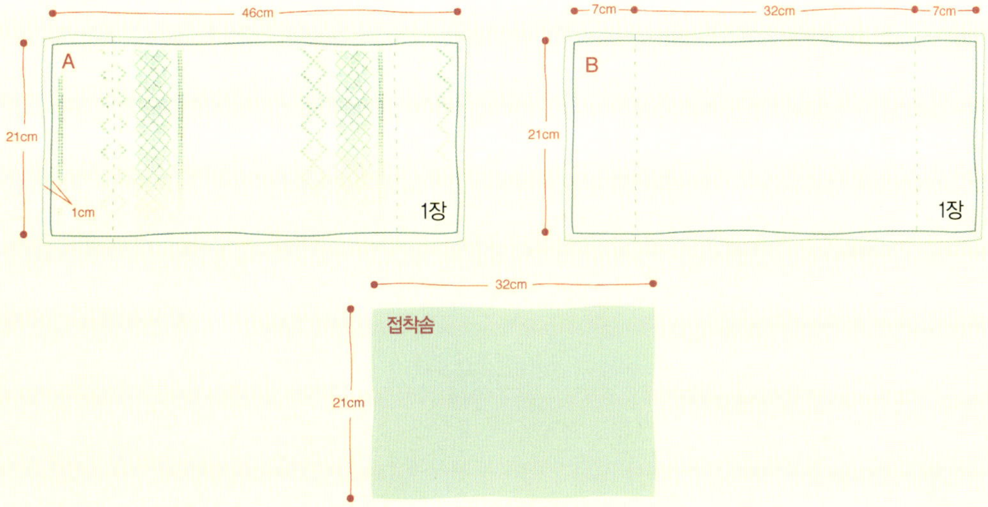

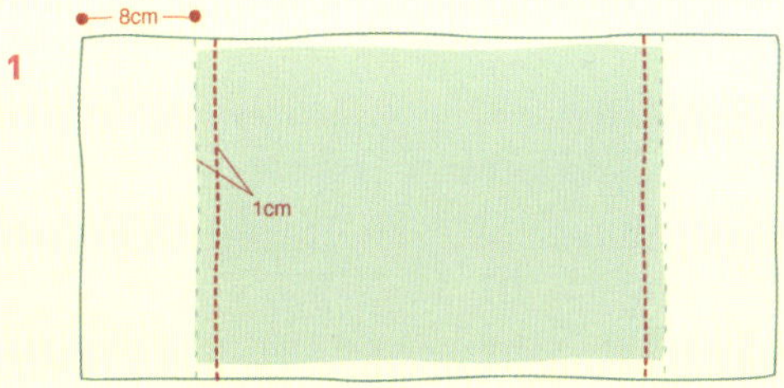

화장지 커버

재단하기

겉감 1장, 바이어스 230cm, 똑딱단추 2쌍

1 둘레 바이어스하기 면과 면이 만나는 모서리에서 10cm씩 남기고 둘레를 바이어스 처리한다.

2 사각틀 만들기 바이어스 하지 않은 나머지 네 면을 안쪽끼리 맞대어
바깥쪽에서 0.5cm 시접을 두고 박아 각을 만든다.

3 이음새 바이어스하기 각을 만든 네 이음새를 긴 쪽으로 이어서 바이어스 처리한다.

4 똑딱단추 달기 긴 쪽 입구의 안쪽에 똑딱단추를 달아 마무리한다.

재단하기

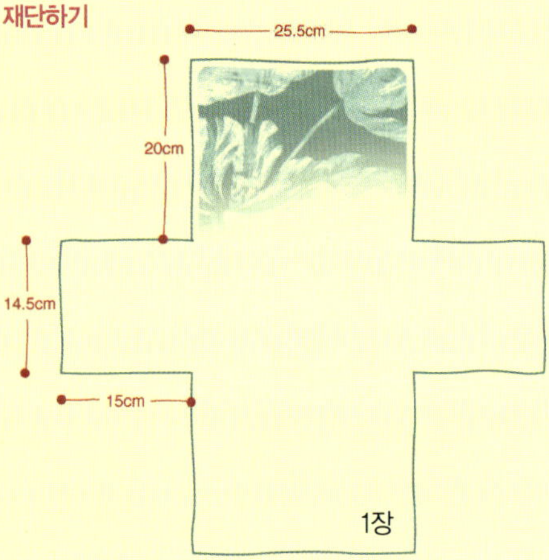

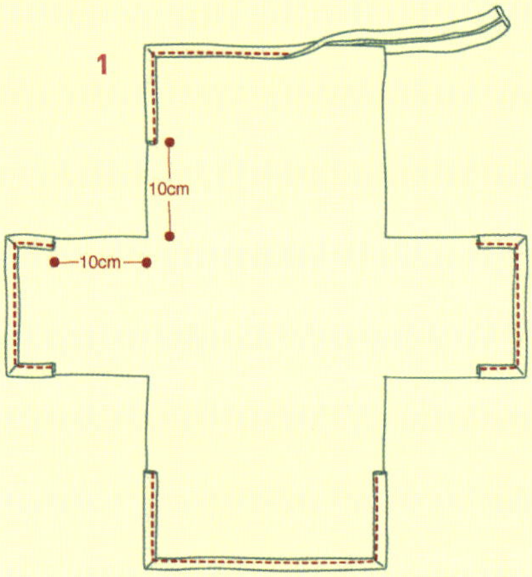

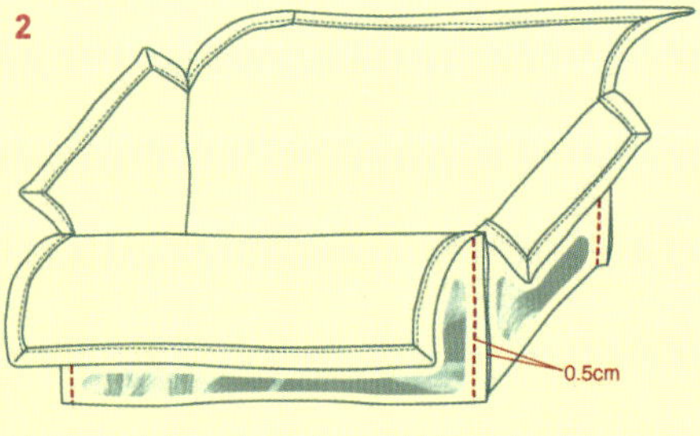

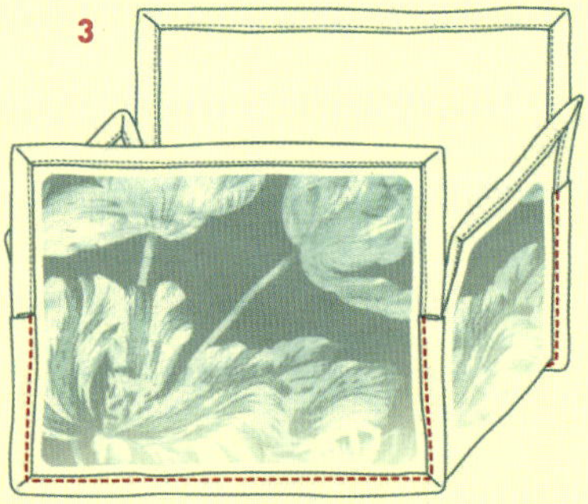

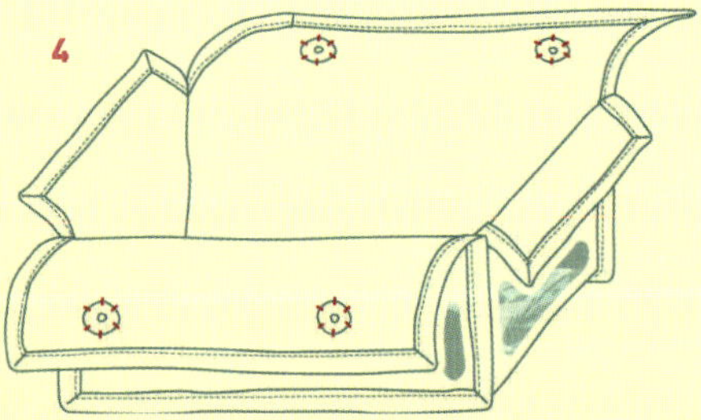

장갑 원통형 뜨기

1 7mm 대바늘로 시작코를 28코 잡는다.

2 12단까지 2코 고무뜨기를 한다.

3 13단부터 도안과 같이 손등 부분은 교차뜨기를 넣어
무늬를 만들고 손바닥 부분은 메리야스 뜨기를 한다.

4 25단째를 뜰 때 손바닥 부분(엄지 자리)에서 5코를
다른 색실로 떠주고 다시 원래의 실로 뜬다.

5 41단부터 도안과 같이 겹쳐뜨기를 해 코를 줄여 나간다.

6 44단에서 8번의 코줄이기로 남은 8코에 실을 꿰어 잡아당겨 마무리한다.

7 4번에서 해 놓은 엄지자리의 실을 풀어 생긴 9코와 실을 걸어 3코를 만들어 총 12코를 만든다.

8 엄지 12코를 10단 메리야쓰 뜨기하고 11단에서 6코로 줄인 다음
실을 꿰어 잡아당겨 마무리한다.

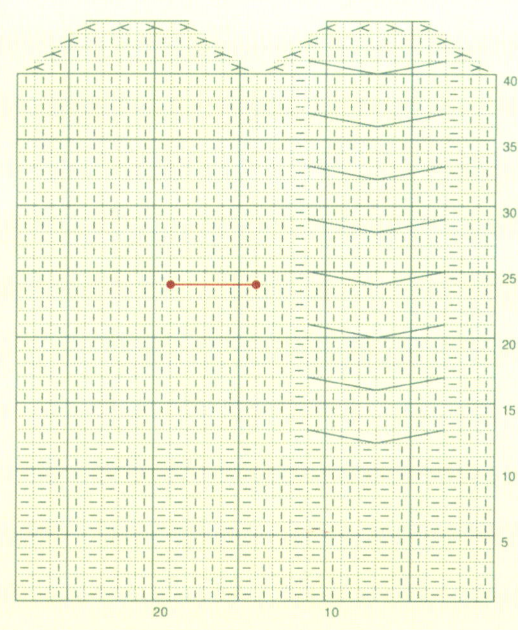

전하기

마음 전하기 **카드**

선물 1 **수건 커버**

선물 2 **인형**

서프라이즈 **여러 가지 파우치들**

코가 없는 테디 베어 **테디베어**

마음 전하기

누구나 그렇듯
마음을 전하는 일은 참 쉽지 않다.

특히 누군가에게 말을 할 때
때로는 조심스럽고, 때로는 긴장되고,
때로는 오해받을까 걱정된다.

그래서 나는 쓰는 걸 좋아한다.

종이와 펜으로 써 내려간 나의 마음.
세련된 문장도 아니고
그저 그런 아주 짧은 문장.

"감독님! 이 장면의 감정이 잘 이해되지 않아요."
"아, 덥다! 밥 먹고 하면 안 돼요? 배고파요~!"

말을 하면서 오해할까 의심하는 것,

말을 해 놓고 나중에 후회하지 않을까 걱정하는 것 대신

그냥 솔직한 내 마음을 내 글씨체에 담아

심플하게 전하고 싶다.

마음이 전해질 거라는 믿음.
어쩌면 조금은 감동해 줄지 모른다는 기대.
그것은, PS.에 적지 않은 나의 작은 바람이다.

카드

손 글씨. 이 말 자체가 쓸쓸하다.
점점 손 편지가 사라지고 있다. 아쉽다.
예전에는 왜 라디오에서 예쁜 엽서 뽑아 상품도 주고 그러지 않았나?
자기만의 독특한 개성을 살려서. 그때 엽서 엄청 많이들 보냈던 걸로 아는데.
글씨체를 보면 그 사람을 조금은 알 수 있을 것 같았는데 지금은 대충이라도 그 사람을 짐작해 볼 방법이 없다.
시중에 파는 카드만큼 예쁘진 않더라도 조금 정성을 들여 나만의 색깔이 담겨 있는 카드를 만들고
나의 모습이 그려질 나만의 글씨체로 마음을 전해 보자.
어쩐지 그 마음 그대로 전해질 것만 같다. 제일 좋은 점은 훨씬 싸다는 거?!

선물 1

나는 선물에 약하다.
선물을 받고 홀딱 넘어간다는 게 아니라
선물을 주고받는 것에 익숙하지 않다는 뜻이다.

특히 비싼 선물을 받는 것이 너무나 불편하고
비싼 선물을 주는 것도 어딘지 어색하다.

누군가에게 선물을 받았을 때
나의 리액션도 정말 약하다.
참 고마운데. 정말 기쁜데.
내 마음을 드라마틱하게 표현하지 못한다.

마찬가지로, 누군가에게 선물을 주어야 할 때
정말 축하하는데 너무나 좋은 것을 주고 싶은데
고가의 선물로 내 마음을 대신하기가 어쩐지 답답해진다.

그래서 나는 나의 시간과 정성을 담아
무언가를 만들기 시작했는지도 모르겠다.

수건 커버
옛날엔 예쁜 수건이 없었나?
무슨 동창회, 돌잔치, 이런 문구가 새겨진 수건들이 참 많았다.
누구의 집이든 하나씩은 꼭 있을 듯.
그걸 가리니 촌스럽지 않은 예쁜 수건으로 재탄생.
이걸 세 개쯤 묶어 이사한 친구에게 선물한 적이 있다.
수건은 굳이 신경 써 또 사지 않게 되는데 잘 됐다고 좋아했다.
예쁜 원단 뒤에 '관형이 돌잔치' 라고 써진 걸 보면 안될 텐데.
단단하게 바느질 했으니 그럴 일은 없겠지?

선물 2

'아름다운 가게' 에서 애장품 경매를 한대서
어떤 물건을 내 놓아야 할까 고민하는데
내가 입던 옷, 내가 쓰던 물건, 왠지 그런 것들을 내긴 싫었다.
기부가 나에게 더 이상 필요 없는 걸 주는 건 아니잖아.

나는 뭔가 의미 있는 것을 내고 싶어서
덜컥 그 인형, '호주' 를 냈다.

내가 처음으로 만든 그 인형은
천으로 몸부터 옷까지 만드는 인형이었다.
호주 촬영 중에 만들었던, 그래서 그 인형의 이름은 '호주'.
'처음' 만든 인형이어서 그런지
내게 '호주' 는 더 정이 가고 의미 있는 인형이었다.

기부를 앞두고, 그에 관한 영상을 촬영하는데
"좋은 일에 쓰여서 기쁘고요,
 높은 가격으로 팔려서 뜻 깊게 쓰였으면 좋겠어요."
라고 말은 자알 했다.
끝나고 나서 스텝들에게 "수고하셨습니다." 인사도 다 했다. 그런데⋯⋯
난 그 인형을 여전히 붙잡은 채 놓지 못했다.
담당 피디가 눈치를 보면서 "그 인형은 이제 주셔야⋯⋯" 했을 때도
"그래도, 마지막 인사는 해야죠⋯⋯"라며
손을 떼지 못했다.

'현주야, 좋은 일이잖아.
 아니, 누가 너더러 '호주' 를 내 놓으래?
 네가 그렇게 결정한 거잖아?
 너에게 소중하면 다른 사람에게도 소중히 여겨질 거라는 믿음으로
 자, 자! 드려, 어엇!'

지금, 나의 첫 인형 '호주' 는 어디에 있을까.
누군가에게 좋은 의미가 되었길.
좋은 선물이 되었길.

인형

'호주'를 그리며 만들어 보았다. 같을 순 없지만, 비슷하기는 하다.
이런 생각을 해 본 적이 있다. 나랑 똑같은 사람이 있어서 일이 너무 많아 힘들 땐 좀 같이 했으면…….
밤샘 촬영할 때는 촬영시키고 나는 좀 자고 하는 유치한 생각이지만 절실했던 생각.
그런데 그런 사람이 있어 대신해 준대도 나는 아마 편히 잠을 못 잤을 것 같다.
정말 나처럼 똑같이 잘하고 있는지 너무 궁금해서 말이다.
살짝 엿보다 조금만 맘에 안 들면 "야야~! 그냥 내가 하는 게 낫지. 나와라!" 그럴 것이 분명하다.
비슷한 사람은 많아도 나는 '나' 하나. 인형은 많아도 호주는 '호주' 하나.
호주야~~!

서프라이즈

나는 눈치가 빠른 편이어서
주변의 서프라이즈~에 어지간해선 놀라지 않는다.

'에이그, 뭔가 준비하고 있구나' 하고 미리 알아차리거나
그런 내 눈치를 보면서 티 나게 준비하는 사람들의 모습이
안타깝고 답답해서
어서 빨리 착착 진행 좀 해 봐!
그래도 준비한 성의가 있으니 꽤 놀라고 기쁜 표정을 지어야 하는데.
리액션 연습 좀 해야겠다.

어머, 깜딱이야~! 몰랐어~! 정말 몰랐어~!
와우! 언제 이런 걸……. 흑흑!

이건 오바인데…….
아는 걸 모른 척하기란 세상에서 가장 낯간지러운 연기다.
그리고 가장 티 나는 연기.

짠! 서프라이즈~! 해 봐야,
내가 떨리는 목소리＋감동의 눈빛으로 그럴듯한 반응을 보여 봐야,
연습한 티 나는 리액션 연기에 준비한 사람들의 입장에선 참 힘 빠지는 일.

'김현주 씨, 둘 중에 하나는 하셔야죠!
쑥스러움은 버리시고, 받은 감동 그대로 표현을 하시던지,
아니면 연기를 확실히 좀 하시던지.
아니, 그게 그렇게 어렵나?

나, 요 연기만 할 줄 알면 세계 어느 영화제에서도 수상한다?

하여튼, 이 자리를 빌어, 나에게 서프라이즈 선물을 준비했던 분들에게
심심한 사과의 말을 전하는 바이다.

멋지게 놀라주지 못해서 미안~.
그래도, 정말 고마웠어!

여러 가지 파우치들
사각 파우치 How to make 188쪽, **레이스 주머니** How to make 189쪽,
똑딱이 파우치 How to make 190쪽
내가 제일 처음으로 내 손으로 만든 걸 선물한 건 중학생 때였다.
친구의 생일을 깜빡한 나는 급하게 줄 선물을 찾았는데
가사 시간 블라우스를 만들고 남은 천이 눈에 띄었다.
쉬는 시간 내내 바느질을 하여 선물을 만들어 주었다.
생리를 시작한 지 얼마 안 돼 어색해 할 친구가 생리대를 넣고 다닐 수 있는 파우치를……
친구는 기뻐하면서 언제 이렇게 만들었냐며 만든 시간에 더 놀라워했었다.
그때부터 나는 파우치를 참 많이도 만들었다.
똑같은 걸 선물해도 누구는 화장품을, 누구는 여행갈 때 속옷을,
누구는 디카를…… 참 다양하게도 사용한다. 그 다양성이 좋아 자꾸만 만든다.

말을 하면서 오해할까 의심하는 것,

말을 해 놓고 나중에 후회하지 않을까 걱정하는 것 대신

그냥 솔직한 내 마음을 내 글씨체에 담아

심플하게 전하고 싶다.

마음이 전해질 거라는 믿음,

어쩌면 조금 감동해 줄지 모른다는 기대.

그것은, PS.에 적지 않은 나의 작은 바람이다.

코가 없는 테디 베어

해외에서 촬영을 할 때 비는 시간을 이용해 만들려고

테디 베어 패키지 상품을 들고 갔다.

한참을 만들고 있는데 불현듯 생각난 그곳에 살고 있는 친구의 생일.

어쩌지? 뭘 선물하지?

아, 이거 주자! 테디 베어!

이 놈 옷도 있는데, 스타일도 그 친구와 비슷하니 제격!

그런데 시간이……! 어서어서 서둘러!

어, 이거 코가 왜 이렇게 안 되는 거야?

다시 하자!

어우! 야, 이러다 구멍 나겠어!

어느덧, 생일은 다가 왔고,

나는 고백했다.

"있잖아, 그게……. 자, 선물! 근데 코가 없어…….

 내가 늦어도 코 붙여서 줄까?

서울 가서 한 다음에 보내 줄까?"

뜻밖에 이 친구, 너무 맘에 들어 하며

"난 이게 훨씬 좋은데?

봐, 테디 베어가 이 세상에 얼마나 많은지 알아?

그런데 코가 없는 테디 베어는 세계에서 얘 딱 하나야!

그러니까, 얘는 굉장히 스페셜한 아이인 거지.

난 이대로가 좋아. 고마워!"

어머나, 그 말이 꽤 그럴싸하여

평생 코 없이 살아야 하는 그 아이에게는 작별 인사도 잊었다.

그런 생각과 마음을 가진 주인이라면

잘 지내라는 나의 인사 같은 건 필요하지 않을 듯도 했다.

지금도 너무 사랑하고 있다는 친구의 말.

완벽하지 않아도 사랑받는, 코가 없는 테디 베어.

꼭 크거나 그럴싸한 것이 아니어도

감동과 사랑을 줄 수 있는 방법.

그걸 알게 된 것이 선물을 주는 기쁨보다 더 큰 기쁨!

완벽하지 않은 우리를 사랑해 줄 사람도

열심히 찾아보자!

코가 없는 테디베어
건방진 테디베어. 썩소를 날리다니.
다 부족한 실력 탓. 한 7년은 된 거 같다.
안에 솜이 들어 있어 말랑말랑 촉감이 좋아 꽤나 만지작만지막……
그야말로 손때가 묻은……
근데, 어쩐지 목욕시키기 싫다.
오래된 느낌이 주는 편안함 때문에.

사각 파우치

재단하기

겉감 A ×2장, 겉감 B ×1장, 겉감 B-1 ×2장, 안감 C ×2장, 안감 D ×1장, 안감 D-1 ×2장
파이핑 100cm, 지퍼

1 심지붙이기 안감 C, D, D-1의 안쪽에 시접분을 빼고 접착솜을 붙인다.

2 파이핑 달기 겉감 A 두 장의 코너에 가위집을 넣어서 파이핑을 둘러 단다.

3 지퍼 달기 겉감 B-1 두 장의 한쪽만 1cm 시접을 접어 지퍼 위에 올려놓고 박는다.

B와 겉끼리 맞대고 끝만 맞추어 양쪽 좁은 면을 1cm 시접을 두고 박아 사각틀을 만든다.

4 몸판 연결하기 겉감 A 두 장의 네 면을 따라 가위집을 내며 3에서 만든 사각틀과 연결한다.

안감은 지퍼 없이 같은 방법으로 만든다.

5 완성하기 겉감을 뒤집어 안감 안쪽에 넣은 후 지퍼에서 0.2cm 남기고

안감 입구를 공그르기해서 입구를 고정한다. 다시 뒤집으면 완성.

재단하기

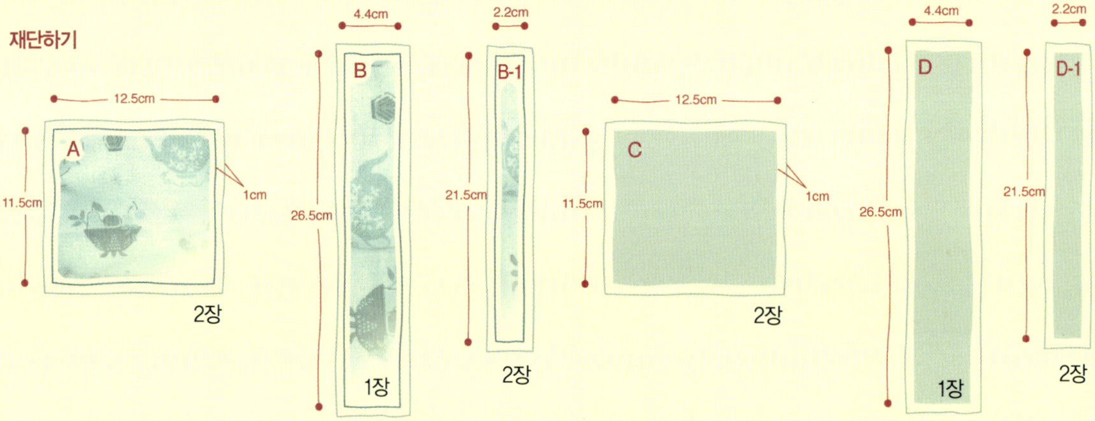

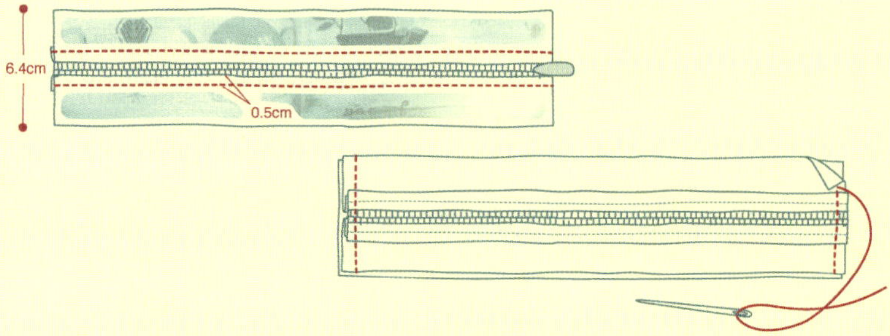

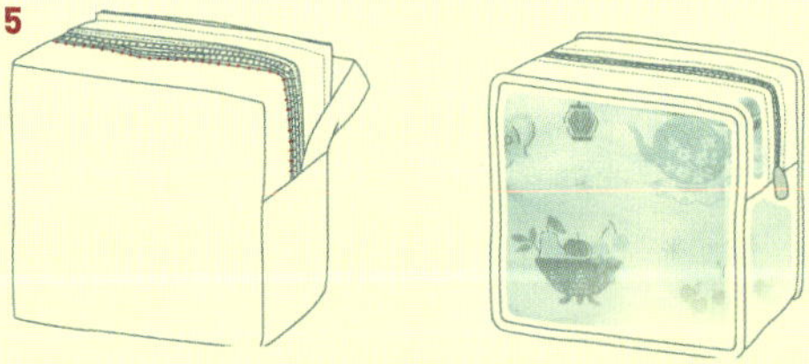

레이스 주머니

재단하기

겉감 A ×1장, 안감 B ×1장, 레이스 C ×1장, 끈 40cm ×2장

1 겉감, 안감 만들기 겉감 A의 위와 아래 시접을 접어 박음질한다.

레이스 C의 윗부분에 가위집을 내고 시접을 박아 둔다.

겉감 A 위에 레이스 원단을 그림과 같이 놓고 박는다. 안쪽이 보이게 반 접고 옆선을 박는다.

안감 B도 레이스 없이 같은 방법으로 만든다.

2 모서리 접기 겉감과 안감의 아랫부분 모서리를 삼각형으로 접어 3cm 길이로 박는다.

3 안감 넣기 안감을 뒤집어 겉감과 안감의 안끼리 맞대게 겹쳐 넣고 안감의 입구를 공그르기 한다.

4 끈 넣기 양쪽에서 끈을 넣어 완성한다.

재단하기

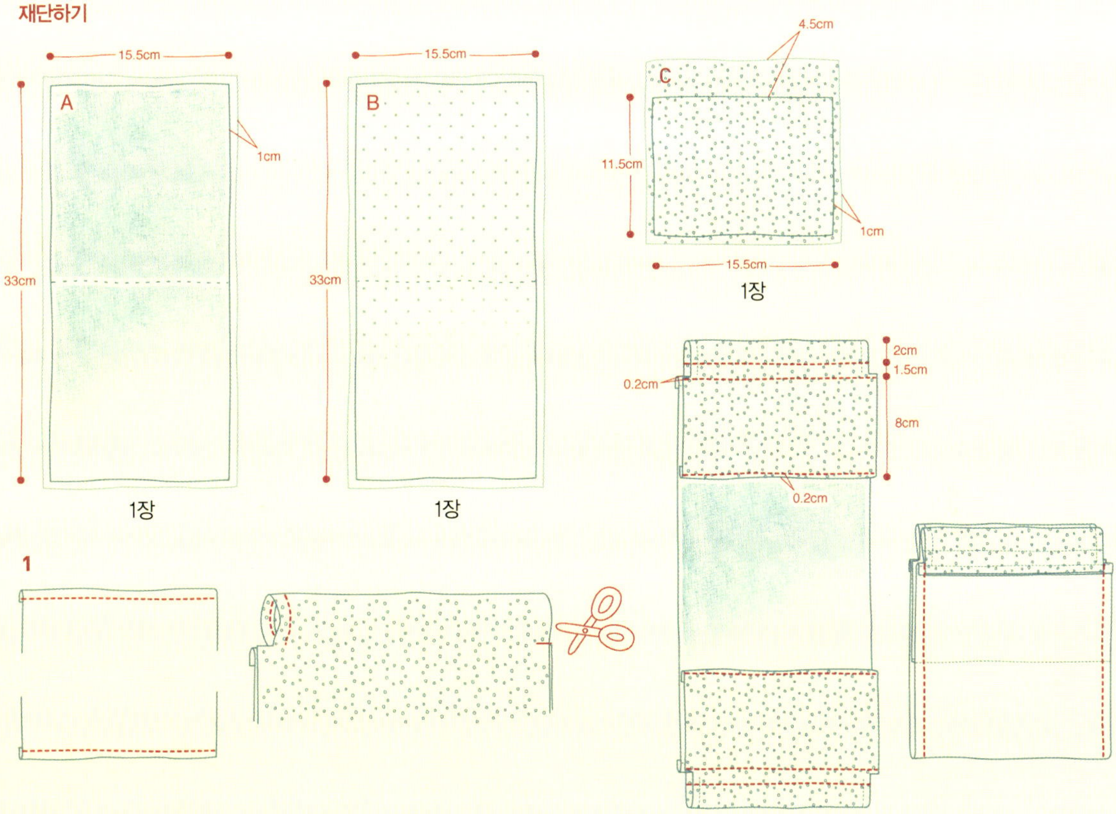

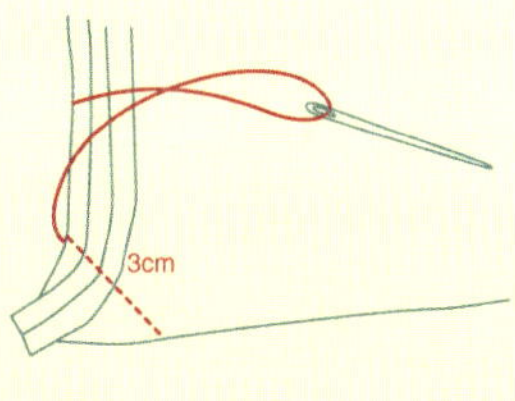

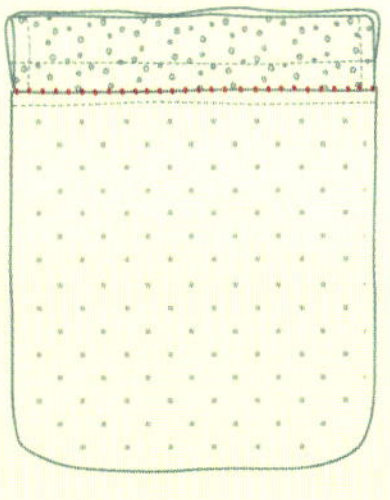

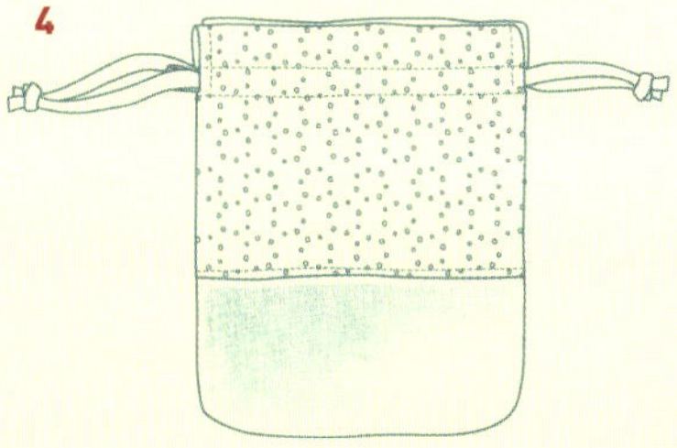

뚝딱이 파우치

재단하기

겉감 A ×2장(각기 다른 원단 조각 6장씩 연결), 겉감 B ×1장, 안감 C ×1장, 접착솜, 지갑 프레임

1 심지 붙이기 안감 C 안쪽에 시접분을 남기고 접착솜을 붙인다.

2 겉면 만들기 겉감 A의 조각을 순서대로 겉끼리 맞대고 6장씩 박아 앞뒤 판을 만든 후
겉감 B를 가운데 놓고 겉끼리 맞대고 박아 긴 겉감을 만든다.

3 몸판 만들기 겉감과 안감을 겉끼리 맞대어 사방의 모서리를 잘라낸 후 창구멍을 남기고 박음질한다.
뒤집은 후 창구멍을 공그르기로 마무리하고 스티치를 넣는다.
안감이 보이게 반 접어 옆면을 공그르기 한다.

4 모서리 접기 아래쪽 모서리는 삼각형으로 접어 3cm 길이로 박음질한 후
밑으로 접어 공그르기로 마무리하고 겉이 나오게 뒤집는다.

5 프레임 달기 완성된 몸판 입구를 프레임에 끼워 넣고 바느질로 연결한다.

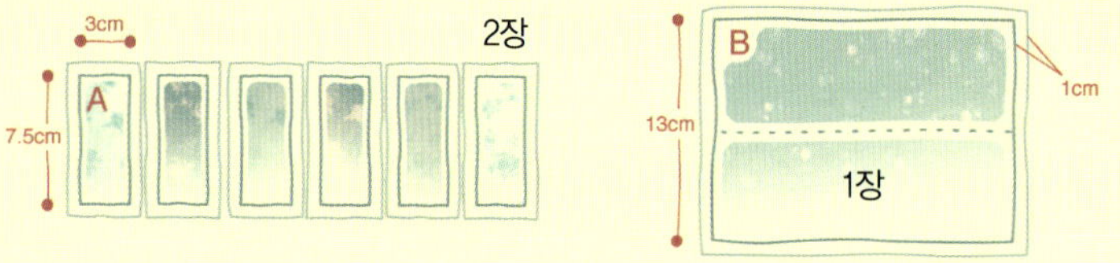

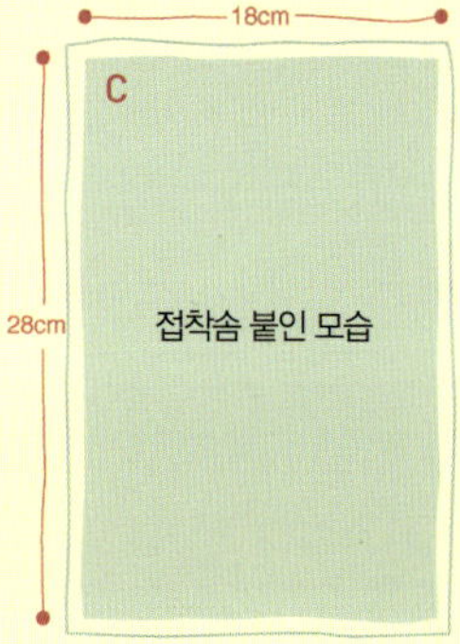

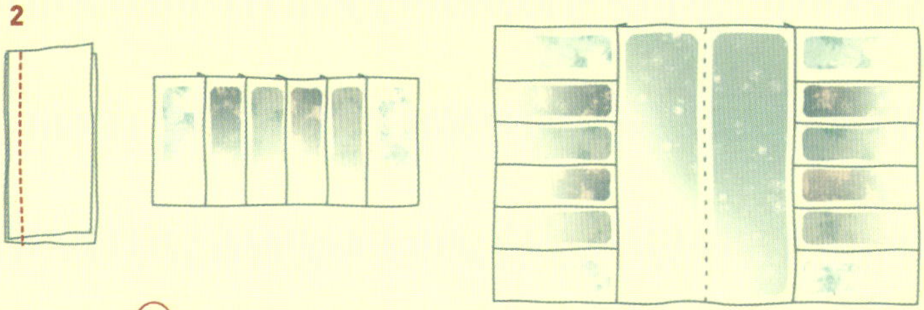

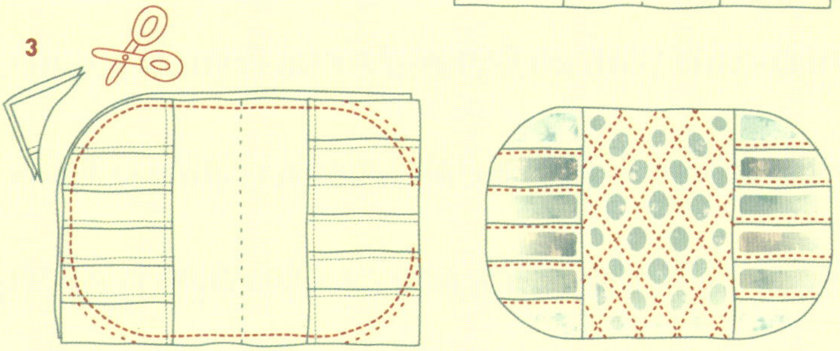

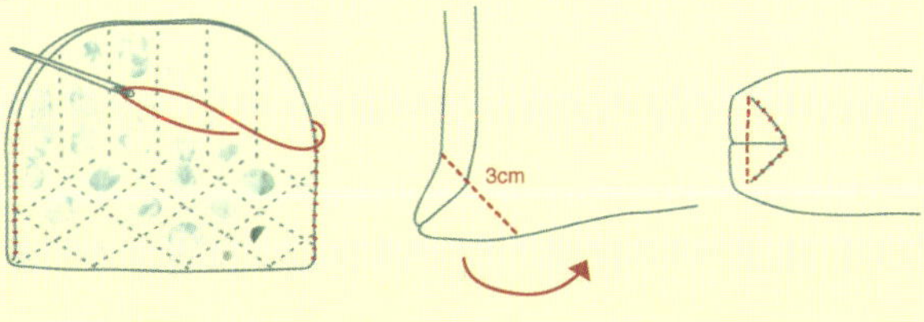

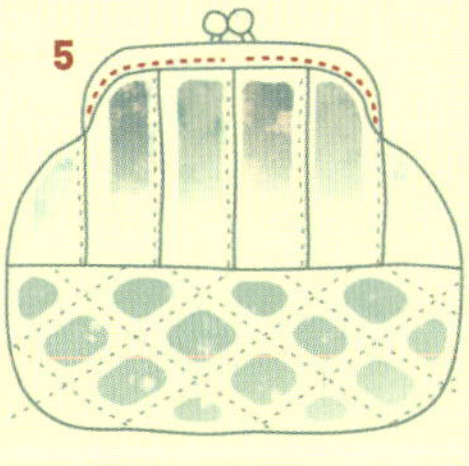

창구멍으로 숨쉬기

가끔, 숨이 잘 안 쉬어질 때가 있다.

이런 걸, 과호흡증후군이라고 하나?

나, 뭔가 문제가 있나?

건강검진을 해 봐도 특별히 이상이 있는 건 아니라는데

가끔씩 숨을 들이쉬고 내쉬는,

이 단순하고 간단한 호흡이 잘 되지 않는다.

그럴 땐, 비닐봉지를 입에 대고

천천히 숨을 내 쉬었다 들이 마신다.

그렇게 내 몸에 지나치게 많은 산소를 줄여

조금씩 진정시키면서 제 호흡을 찾아간다.

숨쉬기.

육체적으로뿐만 아니라 정신적으로도

가끔씩 숨이 쉬어지지 않는 순간이 찾아온다.

들이쉬고, 내쉬고

그렇게 자신만의 호흡을 찾아가는 것.

정말 시원하게 숨을 쉬는 것.

답답한 숨통을 화악 열어보는 것.

어쩌면 내게, 그것이 바로 바느질이다.

드라마 촬영으로 며칠 밤을 새고도,

지방 촬영으로 몸이 녹초가 되어도

나는 재봉틀에 앉거나 뜨개질을 했다.

그렇게 나는 혼자가 되어 나만의 숨쉬기를 했던 것이다

화려하지 않지만, 자극적이지도 않지만,

조용한 혼자만의 시간.

바느질을 하면서, 뜨개질을 하면서,

가방 하나를, 스웨터 하나를, 앞치마 하나를 만들어 내는 동안

자연스럽게 숨을 쉬고 있는 나를

고민에서 자유로운 나를

나다움에서 흔들리지 않는 나를 만난다.

그리고 그런 나를
나는 사랑해 보고 싶다.

시정으로 여유 부리기

난 초등학교 5학년 때부터 고등학교 졸업할 때까지
미화부장만 7년간을 도맡아 했다.
그런 걸 보면 어렸을 때부터 난 만들고 꾸미는 것을 좋아했나 보다.
어쩌면 참 귀찮은 작업.
하지만 내 손 하나하나가 닿아 교실이 예쁘게 꾸며지는 것이
난 참 좋았다.

중학교 가사 시간은
내 두 눈이 초롱초롱해지는 시간.
다른 수업시간에도 선생님 몰래 바느질을 하곤 했다.
그렇게 해서 완성된 실습용 블라우스.
내가 온갖 정성을 쏟아 만들어 낸 그 블라우스를
자랑스레 선생님 앞에 내밀었을 때 선생님은
"너 이거 엄마가 해 줬지?"
그리곤, 아예 점수를 주시지 않았다.
처음으로 만들어 낸 작품이 그런 취급을 받고 보니
엄마가 만들어 주신 것처럼 보일만큼 내가 잘했다는 생각보다는
예민한 사춘기 소녀의 마음으로 상처만 받고 말았다.

쳇, 앞으로는 바느질을 하지 않을 거야!

그런데, 그래도, 참 다행이라는 생각이 든다.
그리고 그 선생님께 되려 감사하다.
그때 선생님이 내가 직접 노력해서 완성한 것을 알아주시고
그 재능을 인정해 주셨다면
나는 어쩌면 진짜 바느질쟁이가 되었을지도 모른다.
그랬다면, 난 바느질 '만' 을 하고 있겠지.

천을 펼쳐 재단을 할 때,
완성될 부분보다 조금 크게 그림을 그려야
안으로 접혀 들어가 바느질 할 수 있는 여유가 생긴다.
그 여유 부분이 바로 시접.
그 부분은 겉으로 보기에 드러나지도 않고
그냥 안으로 접혀서 박혀 있을 뿐이지만
그 부분이 없다면 그 어떤 작품도 만들 수가 없다.
드러나지 않지만 정말 중요한 여유분.

내게 바느질은 그런 여유와 같다.

난, 배우인 게 좋다.
바느질 잘하는 배우인 게 좋다.

고맙습니다

부족한 저를 채워 주시고 이렇게 좋은 경험으로 더 크게 하시니 고맙습니다.

과감할 수 있게 바람을 넣은 홍영진 실장, 옆에서 늘 든든한 핫쵸코 황혜연 팀장.

그냥 해 보자, 잘~ MamEn 모든 식구들, 전미연 원장님, 주희, 은진, 화진, 연미, 선아, 해종, 나라.

나의 美의 시작은 여러분이에요! 베이스 쌩! 시작이 반! 앞으로 천천히 끝까지 나아가자!

스타일리스트 안미경, 오랜 세월 알고 지냈는데 앞으로 더 오래 보자.

저를 믿고 함께 해 주신 살림출판사 모든 직원 여러분, 심만수 대표님, 최병윤 부장님,

윤주용 팀장님, 마케팅 김성훈 차장님, 이진영 과장님 모두 감사합니다.

와우! 부라더미싱! 저에게는 없어서는 안 될 소중한 재봉틀을

기꺼이 선물해 주셔서 감사합니다. 부릉부릉 밟으며 sewing 계열에 합류하여

으뜸이 될래요. 고낙경 실장님, 김명희 대리님, 진은숙 강사님, 많은 협조에 감사드립니다.

올디자인 박은영 대표님과 식구 여러분,

시간에 쫓기며 저만큼 예쁜 책으로 만들어 주셔서 감사해요.

포토그래퍼 이정민 실장님, 처음 만날 때 주신 꽃 선물 얼마 만에 받아 보는지. 정말 감사합니다.

스타일리스트 선희정 실장님, 김연지 팀장님. 갑자기 우연처럼 만나 함께 해 줘서 고마웠어요.

포룸 인테리어 디자인 식구들, 최승희 대표님, 최용식 실장님,

사랑하는 나의 놀이터이자 좋은 작업공간을 만들어 주셔서 감사해요.

예쁜 가구와 예쁜 페인트를 칠해 주신 아저씨들도 감사합니다. 사람들이 너무 예쁘다고 부러워해요.

아낌없는 아이디어를 제공해 준 강은영 언니, 조유미 기자 고마워요.

함께 했으면 좋았을 텐데 다음에 하자구요. 박진영 기자 괜히 고맙고.

이 책을 내면서 좋은 추억을 함께 되새겨 보며 어려운 수다를 함께 해 주고

무엇보다 글쓰기에 용기를 심어준 나의 친구 손미영 작가 고마워. 우리 계속 함께 하자. 수고했어!

마음으로 든든한 후원자인 분들 감사해요.

책을 출간하는지조차 모르는 나의 동창친구 이소래, 허은지, "야~ 나 책 냈어~. 놀랐지?

나는 너희들이 어디서 뭘 하든 응원할 거야. 니들도 그래라~ 우리 더 행복하자."

김치헌 선생님, 늘 조건 없는 사랑과 관심에 감사드려요. 늘 건강하시고 영원한 후원자가 되어 주세요.

조용히, 꾸준히 나를 사랑해 주는 나의 팬들 "Lips" 감사+사랑

곁에서 도와주고 싶었던 마음 너무 잘알아. 늘 칭찬으로, 사랑으로 용기줘서 고마워요시.

마지막으로 나의 가족들……

엄마 얘기 너무 많이 썼나? 소재 줘서 고마워요. 엄마는 나의 힘이야.

아빠 얘긴 너무 없나? 미안~ 혼자서도 잘 이겨내 주니 고마워요.

하나뿐인 동생아~ 사랑해~ 책 내니 이런 말도 하게 되고 좋구나.

더불어 하나뿐인 올케 현정아~ 보석 같은 두 아이를 낳아줘서 너무 고마워.

아직 글은 못 읽지만 언젠가는 보게 될 테니.

세상에서 제일 예쁘고 사랑스런 관형이, 시형이 앞으로 건강하게 자라렴. 사랑해~

에필로그

이렇게 고마운 사람이 많았구나.
새삼 느끼며 나는 참 행복한 사람임을 확인했다.
머릿속에만 막연하게 있던 생각 그냥 이렇게 됐으면 좋겠다는 생각.
그중 하나가 이 책이었다.
고민을 덜어 보려 시작했던 나의 작은 작업이
이렇게 많은 사람의 도움으로 힘입어 고맙게도 책이 완성되었다.
눈에 보이지 않는 것들이 눈에 보이는 것으로 나타나는 과정.
그것은 참 어렵고 힘든 일이지만 참 재밌고 즐거운 일이기도 하다.

무언가가 완성되기까지 어떤 결과로 나타나기까지
모든 것에는 과정이 필요하고 거기에는 꾸준한 노력과 시간과 정성이 필요하다는 것.
그리고 용기 또한 필요하다는 걸 그 단순한 이치를 나는 다시 한 번 깨달았다.
그리고 그 과정이 늘 신나고 재미있을 수만은 없지만
그래도 즐거운 마음으로 준비해 가야 한다는 걸…….

누군가의 손에 들려 지고, 누군가에게 읽혀진다는 것이
생각만으로도 떨리는 순간이지만 그래도 나는 이 책을 만들면서
그동안 막연하게 머릿속에 있던 생각들을 정리해 볼 수 있었고
습관처럼 지나치던 일상을 되돌아 볼 수 있었다.
슬픔, 아픔, 즐거움 모든 것들이 있었지만
아픈 순간들이 더 많은 것처럼 느껴지기도 하지만, 그래도 나는 알았다.
이제는 다 정리하고 앞으로만 나아가야 한다는 걸.
그리고 그럴 수 있는 용기도 함께 얻었다.

'이 책을 읽는 사람이 모두 행복해 질수 있기를……' 이라는 교만은 하지 않겠다.
다만, 나는 여러 시도 끝에 행복에 가까워지고 있다는 걸 느꼈고
혼자가 아니라는 것도 느꼈다.
그 방법이 모두가 같을 수는 없다.
하지만 저마다 하나씩은 그 길이 있을 거라고 확신한다.
바쁜 생활에서 나의 행복은 뒷전이었던 모두가
조금 더 노력하고 찾아보려 시도할 수 있는 계기가 되었으면 하는 욕심은 있다.

그 방법이 나와 같다면 더 좋을 것이다.
같은 것을 좋아하는 사람끼리 만나 이야기하듯
한올 한올, 한땀 한땀 함께 하면 좋으니까.
그리고 함께 한 번 웃을 수 있기를,
그렇게 행복과 조금 더 가까워지는 시간이 되기를…….

brother

현주의
손으로 짓는 이야기

| 펴낸날 | 초판 1쇄 2009년 12월 23일 |
| | 초판 10쇄 2010년 1월 23일 |

지은이   김현주
펴낸이   심만수
펴낸곳   (주)살림출판사
출판등록 1989년 11월 1일 제9-210호

경기도 파주시 교하읍 문발리 파주출판도시 522-2
전화 031)955-1350   팩스 031)955-1355
기획·편집 031)955-4679
http://www.sallimbooks.com
lohas@sallimbooks.com

ISBN 978-89-522-1314-3 13590

* 값은 뒤표지에 있습니다.
* 잘못 만들어진 책은 구입하신 서점에서 바꾸어 드립니다.

책임편집 윤주용